TOPP

Katharina Zechlin

Einbetten in Gießharz

Verlag Frech Stuttgart-Botnang

Zum Titelbild: Die Lampe hat eine Frontplatte aus Gießharz mit eingebetteten Pflanzen, die übrigen Seiten bestehen aus Plexiglas. Konstruktion der Lampe siehe Seite 58.
Die eingebettete Silberdistel kann als Bücherstütze oder Dekorationsstück gebraucht werden. Unten: ein Schmetterling, in einer Glasschale eingegossen.

ISBN 3-7724-0209-7

19. Auflage 1975

© 1968
Verlag und Druckerei M. Frech,
7000 Stuttgart 1 (Botnang)

Zeichnungen: Bernhard Braig
Fotos: Krauss/Zechlin

Druck: Frech, Stuttgart-Botnang

Inhalt

Einleitung

Wer hat nicht schon von einem Spaziergang eine hübsche Pflanze, ein zartes Moos, einen toten Käfer oder einen Schmetterling heimgebracht. Auch am Strand gibt es so manches, das wegen seiner Schönheit lohnt, aufbewahrt und oft betrachtet zu werden: Muscheln, Schalen von Taschenkrebsen und Seeigeln. Nur — ungeschützt verstauben und zerbrechen diese Dinge sehr schnell.

Man kann die Schönheit dieser zarten Gebilde erhalten und sogar noch steigern, wenn man sie in glasklaren Kunststoff einbettet. So lassen sie sich mit ihren Feinheiten von allen Seiten betrachten und bilden überdies reizvolle Dekorationsstücke oder praktisch verwertbare Dinge.

Wir kennen die guten Eigenschaften der Kunststoffe — abwaschbar und unverwüstlich —, denn wir begegnen ihnen täglich. Das Arbeiten mit Gießharz hat deshalb soviel Reiz, weil wir durch eigenes Tun einen Blick in das für einen Laien geheimnisvolle Gebiet der Kunststoffe werfen können.

Dadurch lernen wir auch die Dinge aus Kunststoffen schätzen und beurteilen, mit denen wir umgehen.

Dieses Buch behandelt im wesentlichen die Technik des Eingießens von Gegenständen; außerdem wird das Formen und Beschichten von Glasfaser mit Gießharz gezeigt.

Das Arbeiten mit Kunststoff — als Hobby betrieben — ist noch ganz neu. Es gibt deshalb viel zu „erfinden". Der Verlag und die Autorin würden sich über Erfahrungen und Anregungen der Leser freuen.

Das muß man über Gießharze wissen

Gießharz ist ein Kunststoff, und die genaue Bezeichnung lautet: Ungesättigte Polyesterharze. Im Rohzustand ist das eine leicht gelbliche, sirupartige Flüssigkeit. Gibt man jetzt eine sauerstoffhaltige Paste, den sogenannten „**Härter**", hinzu, wird eine chemische Reaktion eingeleitet, d. h. das Harzgemisch beginnt zu arbeiten. Es erwärmt sich nach einer bestimmten Zeit, wird zunächst geleeartig und härtet dann zu einer festen, durchsichtigen Masse aus.

Diesen Vorgang nennt man „**Polymerisation**". Ganz einfach gesagt, bedeutet dies: viele kleine Teilchen (Moleküle) wimmeln zunächst frei umher und schließen sich zu ganz großen Teilen (Makromolekülen) zusammen. Diese Riesenmoleküle bilden eine fest miteinander verknüpfte, räumlich netzartige Verbindung: der Stoff ist jetzt fest.

Im flüssigen Polyesterharz sind außerdem noch zwei andere Bestandteile vorhanden. Das Lösungsmittel, in dem die Harzteile schwimmen, heißt **Styrol**. Es ermöglicht erst die Polymerisation der Teilchen, weil es sehr reaktionsfreudig ist. Der andere Bestandteil ist der sogenannte **Beschleuniger**. Er sorgt dafür, daß die Reaktion bei Raumtemperatur und innerhalb eines bestimmten Zeitraums möglich ist. (Dazu siehe Kapitel: Das ist außerdem wissenswert.)

Durch die Vernetzung rücken die Moleküle enger aneinander, außerdem verdunstet ein kleiner Teil des Lösungsmittels. Das ausgehärtete Harz ist daher ein bißchen weniger im Volumen geworden, es ist geschrumpft.

Das ausgehärtete Polyesterharz läßt sich durch nichts wieder in seinen flüssigen Zustand versetzen. Es bleibt hart. Man nennt dies einen „duroplastischen" Stoff (lat. durus = fest). Es gibt auch Kunststoffe, die sich durch Wärme wieder erweichen lassen. Sie heißen „Thermoplaste" (griech. therm = warm).

Das Reagieren des Harzes hängt ab von der Temperatur. Ab 15 Grad kann das farblose Harz verarbeitet werden. Die beste Raumtemperatur ist aber 20 Grad.

Polyesterharz riecht, wenn es flüssig ist, stark nach Leuchtgas. Der Geruch ist nicht schädlich, wenn man nicht über 5 kg Harz auf einmal ansetzt (was in der Regel nicht vorkommt). Trotzdem sollte man im Arbeitsraum ein Fenster offenhalten. (Dazu siehe auch Kapitel: Vorsichtsmaßregeln beim Arbeiten mit Polyesterharz.)

Da das Harz ja zunächst flüssig ist, braucht man immer eine Form, in der es bis zum Erstarren verbleibt. Sie wird danach entfernt. Jeder Kratzer, jede Unebenheit wird vom Harz mit abgedrückt. Daran muß man bei der Auswahl der Form denken. Je glatter die Form, desto glatter ist auch der Guß.

An einigen Stoffen kleben die Polyesterharze stark an, z. B. an Holz. Deshalb sind Formen mit einer glatten, wachsartigen Oberfläche am einfachsten zu handhaben; der Harzblock löst sich hier-

Das kleine „Aquarium" bietet von allen Seiten einen reizvollen Anblick.

von leichter. Solche Formen sind Becher, Schüsseln, Eiswürfelbehälter aus Polyäthylen, die meistens milchweiß gefärbt und biegsam sind. Formen aus Holz, Metall oder Glas müssen mit Wachs oder einem Trennmittel behandelt werden, bevor man sie mit Harz ausgießen kann. (Genaues siehe Kapitel „Verschiedene Gießformen".)

Unverarbeitete Harze sollen möglichst dunkel und kühl aufbewahrt werden. Die Lagerzeit beträgt bei gutem Material durchschnittlich zwölf Monate.

Die beim Gießen offenliegende, oberste Fläche wird durch den Einfluß des Luftsauerstoffs etwas wellig und klebrig. Sie muß deshalb abgeschliffen werden.

Das ausgehärtete Harz ist robust, ungiftig, verhältnismäßig elastisch, kratz-

fest und wetterfest. Es ist beständig gegen viele Lösungsmittel. Man kann es ähnlich wie Holz mechanisch weiterbearbeiten: bohren, schleifen, sägen, fräsen und polieren.

Polyesterharze können mit speziellen Abtönpasten in jeder beliebigen Farbe sowohl deckend als auch durchsichtig eingefärbt werden. (Genaues siehe Kapitel: Färben.)

Für die in diesem Buch gezeigten Modelle wurden Polyesterharze verwendet, die für Bastelzwecke und zum Eingießen besonders geeignet sind: sie lassen sich blasenfrei und in verhältnismäßig dicken Schichten gießen. Die Harze sind lichtstabilisiert, d. h. sie vergilben nicht.
Zwei Typen werden im Bastelladen angeboten: völlig farbloses und ein durchsichtig gelbes, etwa bernsteinfarbiges Harz. Das farblose wird ausschließlich zum Eingießen verwendet, das bernsteinfarbige ist besser für die Glasfaserverstärkung geeignet. (Dazu siehe Kapitel: Polyester und Glasfaser.)

Für die Harze werden verschiedene Härter angeboten: flüssige und pastenförmige. Die flüssigen Härter werden als „MEK-Härter" bezeichnet, die festen als „BP-Härter". Es ist empfehlenswert, keine eigenen Experimente zu machen, sondern zum Harz immer den jeweils dazu angebotenen Härter zu kaufen.
Ganz allgemein sind pastenförmige Härter zu bevorzugen, weil sie ungefährlicher sind als die flüssigen. Sie sind auch einfacher abzumessen und können nicht spritzen. (Dazu siehe auch Kapitel: Vorsichtsmaßregeln.)

Das braucht man

Gießharz mit dazugehörigem Härter. Die kleinsten Dosen haben 100 g Inhalt. Einige **Gießformen** für Anhänger und Briefbeschwerer. Alles ist im Bastelladen zu kaufen.

Eine Dose Gießharz-**Reinigung** oder Azeton zum Entfernen von Harztropfen auf Tischplatten oder Kleidung.

Einen **Mischbecher** aus milchweißem Polyäthylen (Lupolen, Hostalen), möglichst mit Maßeinteilung. Außerdem einige **Joghurtbecher oder Pappbecher** zum Anrühren, die man nach Gebrauch wegwerfen kann.

Holzstäbchen zum Umrühren.

Schleifpapier, Körnung 120 und 180.

Naßschleifpapier in den Körnungen 220, 320, 400 und 600.

Ein **Holzbrett,** 20 x 30 cm groß, zum Aufspannen des Schleifpapiers.

Grüne **Gießharzpolierpaste** und ein paar **weiche Lappen** zum Polieren.

Und natürlich braucht man auch ein paar **Objekte zum Einbetten:** gepreßte Pflanzen, Korallenstückchen, Käfer.

Das Zubehör gibt es im Bastelladen zu kaufen, ebenso fertig zusammengestellte Kästen.

Arbeitsplatz und Raum

Den Arbeitsplatz, einen Tisch, schützt man mit einem Stück Packpapier vor Harztropfen. Hat man doch einmal etwas Harz verschüttet: gleich mit einem Lappen und Gießharz-Reinigung entfernen. Ist das Harz erst einmal ausgehärtet, läßt es sich schwierig entfernen. Die Raumtemperatur soll möglichst 20 Grad Celsius betragen. Niedrigere Temperaturen lassen das Gießharz langsamer erstarren, schaden tut das aber nicht. Bei höheren Temperaturen erfolgt die Reaktion des Harzes schneller.

Gießform

Als Form benutzen wir für das erste Stück am besten eine tiefgezogene PVC-Form mit einem klaren Grundriß, etwa einem Quader. Diese Formen gibt es speziell zum Eingießen zu kaufen. Es läßt sich aber auch ein Becher oder eine Schale aus biegsamer Plastik verwenden. (Siehe auch Kapitel: Verschiedene Gießformen.)

Eine einfache Einbettungsarbeit - ein Briefbeschwerer

Die Arbeitsfolge beim Einbetten lernt man am einfachsten beim praktischen Tun. Man sollte eine kleine Einbettungsarbeit gemacht haben, bevor man sich an schwierigere Sachen wagt. Einfach, aber dekorativ ist ein Briefbeschwerer. Mit einer eingebetteten zarten Pflanze oder einem Seestern macht er sich besonders hübsch. Er braucht nicht nur Briefe zu „beschweren", sondern dient als Blickfang für dringende Rechnungen und Merkzettel.

Harzmenge

Zuerst ermittelt man die benötigte Harzmenge. Gießharz hat das spezifische Gewicht von 1,1; es wiegt also nur wenig mehr als Wasser. Deshalb ist die Mengenbildung ganz einfach: Gießen Sie die Form voll Wasser, und das Wasser dann in einen Meßbecher. An der Skala läßt sich jetzt ablesen, wieviel Harz benötigt wird. Ein bißchen gibt man hinzu, weil das Harz ja etwas schwerer ist. Rechnerisch läßt sich der Harzverbrauch ebenso einfach ermitteln (dazu siehe Kapitel: So berechnet man die benötigte Menge).

Harz mit Härter mischen

Nehmen wir einmal an, der Harzverbrauch sei etwa 100 Gramm. Die Hälfte davon gießen wir in den Mischbecher. Jetzt müssen 2% Härter dazugegeben werden. Der Härter ist pastenförmig und in einer Tube verpackt. 2% von 50 g sind 1 g. Benutzt man diese handels-

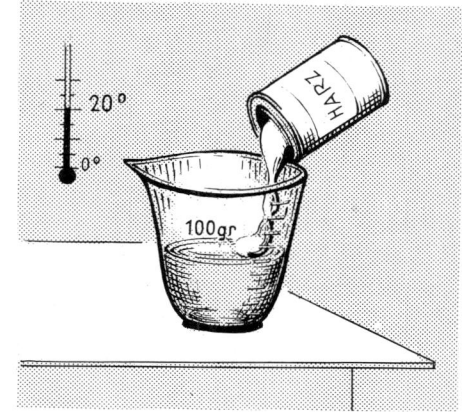

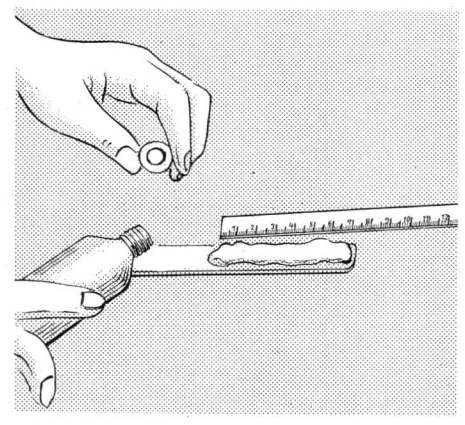

üblichen Tuben, braucht man nur einen 2 cm langen Strang auf einen Holzstab drücken, denn 1 cm aus der Tube wiegt ½ Gramm. Muß die Härtermenge durch Wiegen ermittelt werden, drückt man die Härterpaste auf ein Stückchen Alu-Folie und wiegt es auf der Briefwaage ab. Flüssiger Härter wird am einfachsten in einem kleinen Meßzylinder mit ccm-Einteilung abgemessen, den man in Apothekerbedarfsgeschäften bekommt. Mit dem Holzspatel wird der Härter gründlich in das Harz hineinverrührt,

mindestens eine halbe Minute lang. Es ist wichtig, daß er gleichmäßig verteilt wird, damit das Harz an jeder Stelle gut durchhärten kann.

Man kann das gleichmäßige Vermischen beobachten, weil der Härter eine milchig-weiße Farbe hat und in dem klaren Harz gut zu sehen ist. Das Gemisch wird jetzt in die Form gegossen. Sie müßte nun etwa halbvoll sein. Man läßt diese Schicht aushärten. Damit kein Staub hineinfällt, wird mit Papier abgedeckt.

Aushärtung und Einlegen

Das Gemisch beginnt zu reagieren. Nach etwa zwei Stunden erwärmt es sich, die Oberfläche wird geleeartig. Dies ist der beste Moment, das Einbettungsobjekt hineinzulegen. Muscheln und Schnecken haften gut auf dem klebrigen Untergrund, bei Käfern hat man die Möglichkeit, die Beine in die richtige Stellung zu bringen. Dann muß die Schicht ganz aushärten.

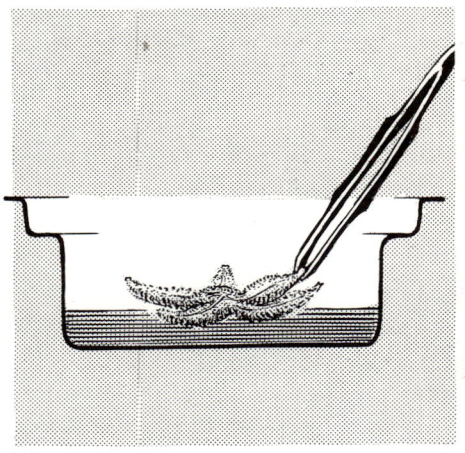

Ganz leichte Dinge, wie Pflanzen und Schmetterlinge bilden eine Ausnahme: man legt sie gleich auf die noch flüssige erste Schicht. Die Gefahr, daß sich Luftblasen unter den Pflanzen bilden, ist dadurch geringer. Allerdings sollte man ab und zu nach den Objekten sehen: sie können leicht einmal an den Rand rutschen.

Die zweite Schicht

Sobald die erste Schicht ausgehärtet ist, d. h. hart und wieder abgekühlt ist, kann die nächste aufgegossen werden. Wieder rührt man 50 Gramm Harz mit Härter an. Falls die Reste im Meßbecher vom ersten Harzmischen noch sehr klebrig

sind (dünne Schichten härten nämlich langsamer aus als dicke), kann man einen Joghurtbecher zum Anrühren benutzen. Die zweite Schicht wird langsam aufgegossen, und zwar beginnt man an der tiefsten Stelle der Form. Dabei schiebt das Harz die Luft, die sich in einigen Objekten befindet (z. B. Schnekken), vor sich her und drückt sie aus den feinen Verästelungen.

Das Stück ist jetzt vollkommen bedeckt. Manchmal sammelt sich doch noch Luft in kleinen Bläschen an feinverzweigten Stellen. Durch vorsichtiges Schwenken oder Aufstoßen der Form lassen sich die Luftblasen bewegen und steigen an die Oberfläche.

Aus der Form trennen

Die zweite Schicht läßt man am besten über Nacht stehen, dann ist sie gründlich durchgehärtet. Mit einem spitzen Messer fährt man leicht an der Kante des gegossenen Blocks entlang oder bewegt die Form durch Auseinanderdrücken der Wände. Es gerät Luft hinein, und der Block löst sich leicht heraus.

Wir sehen das Objekt vollkommen von klarem Harz umgeben. Doch die Oberfläche ist etwas klebrig und wellig durch den Einfluß des Luftsauerstoffs während der Härtung. Diese Schicht muß abgeschliffen werden, wenn sie ganz klar und glänzend erscheinen soll.

Schleifen

Beim Schleifen beginnt man immer mit dem gröbsten Schleifpapier und schleift weiter mit immer feiner werdendem Papier. Das nächstfeinere muß immer die Kratzer des vorigen völlig beseitigt haben, ehe man die Körnung wechselt. Am einfachsten und schnellsten ist das Schleifen mit Naßschliffpapier, d. h. wasserfestem Schmirgelpapier. Dabei werden Schleifpapier und der Harzblock gut mit Wasser benetzt. Naßschleifen hat den Vorteil, nicht so viel Staub zu machen und die klebrige Schicht schnell zu beseitigen. Außerdem kann man die Oberfläche auf eventuelle Kratzer gut beobachten.

Natürlich kann man auch trocken schleifen; man benutzt dann normales Sandpapier in den angegebenen Körnungen.

Das Schleifpapier in der Körnung 120 wird mit Reißzwecken auf das Holzbrett gespannt, wie es die Zeichnung zeigt. Den Gießling (so nennt man den gegossenen Block) nehmen Sie in die Hand und schleifen ihn in kreisenden Bewegungen auf dem Papier herum, bis die Oberfläche topfeben ist. Dann das nächstfeinere Papier aufspannen und schleifen. Jedesmal beim Papierwechsel wird das Stück einmal abgespült, damit keine groben Körner in das feinere Papier gelangen.

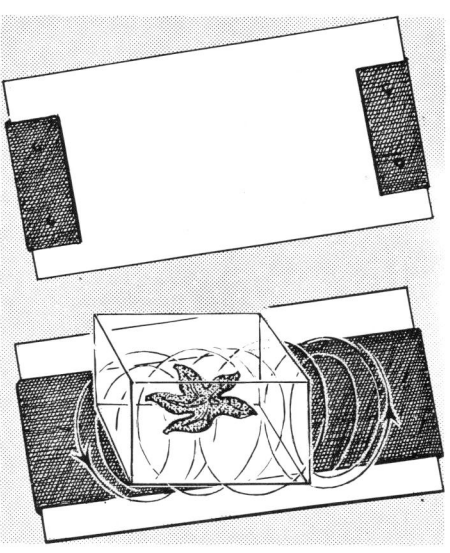

Wenn man mehrere Dinge zu schleifen hat, bespannt man praktischerweise sechs Bretter mit den Schleifpapieren verschiedener Körnung. Dann erspart man sich das zeitraubende Wechseln der Papiere.

Das Schleifen erfordert einige Mühe. Für einen Briefbeschwerer dauert die Schleifarbeit etwa eine halbe Stunde. Bei gründlicher Arbeit wird man jedoch belohnt durch die wirklich glatte, strahlende Oberfläche des fertigen Stückes. (Maschinelles Schleifen siehe Kapitel: Maschinelle Bearbeitungsmöglichkeiten.)

Die Seiten- und Rückwände können auch noch ein bißchen nachpoliert werden. Wenn sie Kratzer oder sonstige Unebenheiten zeigen, müssen sie vorher auch geschliffen werden. Und dann zeigt sich der Block in strahlendem Glanz. Auch feinste Einzelheiten des eingebetteten Objekts lassen sich gut erkennen.

Polieren

Nach dem letzten Schleifen mit dem Papier Körnung 600 wird der Gießling abgewaschen und getrocknet. Er zeigt jetzt eine feine, mattmilchige Oberfläche, die durch das Polieren erst den Glanz bekommt. Genau wie beim Schleifpapier spannt man einen weichen Lappen auf das Brett. Etwa einen Teelöffel grüne Polierpaste daraufgeben und das Stück kräftig darauf herumreiben. Mit einem zweiten, sauberen Lappen nachreiben.

Hier noch eine Kurzübersicht über das Schleifen und Polieren:

Naßschleifpapier Körnung 120, 180, 220, 360, 400, 600
Polieren: mit grüner Polierpaste
Nachpolieren: mit weichem Lappen (z. B. Flanell oder Trikot)

Schmuck und Briefbeschwerer mit eingefärbtem Hintergrund in deckenden und transparenten Farben.

moleküle schließen sich zu Ketten zusammen, dabei wird Wärme frei. Diese regt die übrigen freien Teilchen an, sich wiederum zu verketten. In einer durch die Wärme immer schneller aufeinanderfolgenden Kettenreaktion schließen sich alle Teilchen zusammen, verfestigen sich und verbinden sich zum netzartigen, starren Gerüst. Am Dickerwerden des Harzes, an der Gelierung und der spürbaren Erwärmung erkennt man dann die Reaktion. Bei der zunehmenden Gerüstbildung setzt auch die Schrumpfung ein, die am stärksten in der letzten Phase der Aushärtung, nach dem Abkühlen der Reaktionswärme, auftritt.

Im Laufe der nächsten Stunden und Tage härtet das Harz noch nach, d. h. die letzten noch freien Teilchen fügen sich in das Gerüst ein, die letzten leichten Nachschrumpfungen setzen ein. Die Festigkeit der Gießstücke nimmt also im Laufe der nächsten Tage noch zu. Daher ist es empfehlenswert, stark beanspruchte Teile erst nach ein paar Tagen zu benutzen.

Das ist außerdem wissenswert

Für schwierigere Arbeiten gibt es noch einiges zu beachten.

Die Vorgänge bei der Polymerisation

Die Vorgänge beim Arbeiten mit Gießharz kann man besser verstehen, wenn man etwas über den Ablauf der Polymerisation weiß.

Nach dem Zusammenmischen von Harz und Härter sieht man zunächst nichts Auffälliges. Dennoch läuft die Aushärtung ganz langsam an. Einige Einzel-

Schichtstärke

Man kann beliebig große Blöcke aus Gießharz herstellen. Aber diese dürfen nicht auf einmal, sondern nur in mehreren Schichten gegossen werden. Eine Schicht soll niemals stärker als etwa zwei Zentimeter hoch aufgegossen werden, weil das Harz sonst zu stark reagiert. Es entwickelt sich dann sehr viel Hitze. Weil Kunststoffe schlechte Wärmeleiter sind, kann die Hitze aus der Mitte des Blocks nicht schnell genug abgeführt werden, es entwickelt sich laufend durch weitere Polymerisation neue Hitze und so kommt es zum Wärmestau. Dieser bewirkt Spannungen im Harz und es können Risse oder blasenartige Erscheinungen auftreten.

Wenn man einmal bemerkt, daß bei einem Guß zu viel Hitze entsteht, kann man das Stück in ein kaltes Wasserbad oder in den Eisschrank stellen. Die Hitze wird dann abgeführt und die Reaktion dadurch gebremst.

Bei schwierigen Güssen kann man zur Sicherheit schon vor dem Gelieren im Wasserbad kühlen.

Besonders starke Risse entstehen, wenn man zu hoch aufgießt und sehr dicke Gegenstände auf einmal mit einbettet, z. B. Glaskugeln oder Silberdisteln. Das Harz wird dann außerdem in seinen Schrumpfbewegungen sehr behindert und reißt. Manchmal kann das Reißen allerdings auch ein erwünschter, dekorativer Effekt sein. (Dazu siehe Kapitel: Experimente.)

Dagegen kann man beliebig große Flächen gießen. Durch die große Abkühlungsfläche entsteht keine zu starke Hitze beim Reagieren. Ein Beispiel: eine 20 x 20 cm große Fläche, die 1 cm hoch aufgegossen wird, härtet ohne Komplikationen aus. Dagegen bilden sich mit Sicherheit Risse, wenn man eine Fläche von 7 x 7 cm in einem Guß 8 cm hoch aufgießt. Die Harzmenge ist bei beiden Versuchen die gleiche. Im letzten Fall müßte man also den Block aus vier verschiedenen Schichten nacheinander gießen.

Im übrigen: Je höher die aufgegossene Schicht, desto stärkere Hitzeentwicklung und damit auch stärkere Schrumpfung tritt auf. Bei feinverästelten oder sehr kompakten Objekten lieber mehrere dünne Schichten aufgießen.

Eingebettete Gräser und gepreßte Blüten vor weißem Hintergrund — ein dekoratives Wandbild, das nicht vergilbt oder verblaßt.

19

Die Messinghülle für diese Kaminstreichhölzer kann man im Bastelladen kaufen. Sie wird dekoriert mit einer Gießharzplatte, in die Pflanzen auf grünem Hintergrund eingebettet wurden.

Die richtige Härtermenge

Durch die individuell abgemessene Härtermenge kann man die Vorgänge beim Aushärten steuern. Die Faustregel für farbloses Harz lautet: 2 % Härter. Dünne Schichten härten sehr langsam aus und die Oberfläche bleibt stark klebrig. Deshalb gibt man in einem solchen Fall bis zu 4 % Härter hinzu.

Bei Schichten, die sehr dick aufgegossen werden sollen, ist die Gefahr der Rissebildung geringer, wenn man nur 1 % Härter im Harz vermischt. Auch bei sehr hitzeempfindlichen Einbettungsgegenständen wenig Härter zugeben.

Wenn mehr Härter als 4 % zugegeben wird, wird der Harzblock desto spröder und zerbrechlicher. Deshalb: wenig Härter (etwa 1 %) für Gußstücke, die elastisch bleiben sollen.

Die Aushärtungszeiten der Harze

Die Aushärtungszeiten der Gießharze nennt man die „Topfzeiten". Sie hängen ab vom Anteil des Beschleunigers (dazu siehe Kapitel: Die Rolle des Beschleunigers) und von der Härterzugabe (siehe Kapitel: Die richtige Härtermenge). Die Raumtemperatur spielt ebenfalls eine wichtige Rolle. Die Angaben der Aushärtungszeiten auf den Gebrauchsanweisungen, die jeder Gießharzpackung beigefügt sind, beziehen sich immer auf 20 Grad Celsius. Die Topfzeiten für farbloses Harz sind länger als für bernsteinfarbenes.

Niedrigere Temperaturen verzögern die Härtung; bei farblosem Harz tritt unter etwa 15 Grad gar keine Reaktion ein. Man sagt dann, die Härtung ist „eingefroren". Bernsteinfarbiges Harz läßt sich dagegen schon ab 12 Grad Celsius verarbeiten.

Höhere Temperaturen beschleunigen die Härtung.

Dünne Schichten mit großer Abkühlungsfläche benötigen mehr Zeit zur Härtung als dickere Schichten, die mehr Reaktionswärme entwickeln.

Die zur Zeit im Handel befindlichen Gießharze haben etwa gleiche Aushärtungszeiten. Daher folgt hier eine Kurzübersicht. Sie bezieht sich auf 20 Grad Celsius Raumtemperatur und eine Schichtstärke von 2 cm.

Farbloses Harz:

1 % Härter etwa 3 Stunden
2 % Härter etwa 2 Stunden

Bernsteinfarbiges Harz:

1 % Härter etwa 45 Minuten
2 % Härter etwa 30 Minuten
3 % Härter etwa 20 Minuten
4 % Härter etwa 10 Minuten

Präparierte Hirschkäfer kann man fertig kaufen. Die Form des Briefbeschwerers wurde aus einem rechteckig gegossenen Stück ausgesägt. Hübsch wirkt es auch, wenn man die Kanten einmal matt läßt.

Bei diesem Briefbeschwerer
wurde die Grundschicht kräftig
rot eingefärbt. Der Seestern
hebt sich sehr klar davon ab.

Verzögern und Beschleunigen der Reaktion

Manchmal merkt man, daß die Mischung zu schnell reagiert; es entwickelt sich große Hitze, die ein empfindliches Einschlußobjekt zerstören könnte. Dann kann man die Reaktion verzögern, indem man das Stück in kaltes Wasser stellt. Erfolgt dies, bevor die Wärmeentwicklung beginnt, läßt sich das Reagieren lange hinauszögern, da das Harz erst bei etwa 15° zu arbeiten beginnt, das bernsteinfarbige bei etwa 12°.

Umgekehrt kann man das Aushärten beschleunigen, wenn man die Raumtemperatur durch Heizen erhöht oder das Harzgemisch an einen anderen warmen Ort bringt. Die Erwärmung darf nicht zu lange dauern, weil das Harz nach einiger Zeit beginnt, selbst zu reagieren und Wärme zu entwickeln. Und zuviel Wärmeentwicklung fördert die Rissebildung, wie bereits oben erwähnt. Zu beachten ist außerdem, daß keine offene Feuerquelle an das Harz gebracht wird, weil es feuergefährlich ist. (Dazu siehe auch Kapitel: Vorsichtsmaßnahmen.)

Ein fertiges Stück mit eingebetteten Pflanzen ▶

Einbetten von luftgefüllten Objekten

Viele voluminöse Pflanzen (z. B. Silberdisteln, Strohblumen) und Tiere (Käfer, große Seesterne, Muschelschalen) enthalten im Innern viel Luft. Um Luftblasen zu vermeiden, müssen diese Objekte folgendermaßen eingebettet werden: auf die noch nicht ganz gelierte Grundschicht wird das Objekt aufgelegt und klebt mit Erreichen der vollen Aushärtung sicher fest. Die nächste Schicht wird so hoch aufgegossen, daß sie das Objekt zu etwa $^7/_8$ bedeckt. Falls es sehr hoch ist, muß man mehrere Schichten gießen, bis das Objekt zu $^7/_8$ bedeckt ist. Beim Erwärmen des Harzes bei der Polymerisation dehnt sich die im Objekt befindliche Luft aus und entweicht nach oben. Wäre das Stück auf einmal ganz mit Polyester bedeckt worden, könnte es passieren, daß die aufsteigenden Luftblasen im gelierenden Harz steckenbleiben würden. Die nächste Schicht Polyesterharz kann dann das Objekt ganz bedecken. Der größte Anteil der Luft ist ja bereits herausgelöst.

◄ Silberdisteln vor transparent blauem Grund. Die Gießform bildete eine einfache, quadratische Perlonschüssel.

Der farbig wiedergegebene Block mit der großen Sonnenblume ist eigentlich ein Fehlstück. Die aufgegossenen Schichten waren zu dick und der Block ist gerissen. In den Rissen bricht sich aber das Licht auf so hübsche Weise, daß das Stück originell und reizvoll wirkt.

So berechnet man die benötigte Harzmenge

Die einfachste Art, die benötigte Harzmenge zu ermitteln, ist die folgende: die Form voll Wasser gießen und die Menge im Meßbecher messen. Da das Harz etwas schwerer ist als Wasser, braucht man ein bißchen mehr Harz, als man Wasser gemessen hat.

Wenn noch keine Form zur Verfügung steht oder Holz beschichtet werden soll, berechnet man den Harzverbrauch nach diesen Formeln:

Platten und Blöcke

Länge x Breite x Höhe ergibt die Kubikzentimeterzahl, die mit dem spezifischen Gewicht des Gießharzes multipliziert werden muß, nämlich 1,1. Ein Beispiel: Harzverbrauch für eine Tischplatte in der Größe 40 x 40 x 1 cm.

40 x 40 x 1 = 1600 ccm
1600 x 1,1 = **1760** Gramm

Der Harzverbrauch beträgt also etwa eindreiviertel Kilo.

Zylinderformen

Man rechnet Grundfläche x Höhe. Die Grundfläche ist ein Kreis, sie wird nach der Formel πr^2 ausgerechnet. $\pi = 3,14$. Für einen Lampenfuß beispielsweise mit der Höhe 20 cm und dem Durchmesser 6 cm ist der Harzverbrauch:

πr^2 x h = 3,14 x 9 x 20 = 565,20 ccm
565,20 x 1,1 = **621,72** Gramm

Eine Muschelsammlung — als Briefbeschwerer, Bücherstütze oder Dekorationsstück geeignet. Das ist eine Urlaubserinnerung, die lange anhält. Als passionierter Sammler kann man die Muscheln natürlich auch ordnen und mit den entsprechend beschrifteten Schildchen zusammen einbetten.

Die Schrumpfung

Im Durchschnitt schrumpfen die verschiedenen Polyesterharze um etwa 3 bis 5% nach der Aushärtung. Diese Schrumpfung ist beim Einbetten ein Vorteil und ein Problem zugleich.
Der Vorteil liegt darin, daß sich der ausgehärtete Block besonders von glatten Formwänden leicht löst.
Das Problem entsteht beim Aufeinandergießen mehrerer Schichten. Eine bereits ausgehärtete Schicht schrumpft leicht und löst sich teilweise von den Formwänden ab. Die jetzt erneut aufgegossene Schicht läuft in den entstandenen Zwischenraum zwischen Gießling und Formwand. Weil das Ablösen meist nicht gleichmäßig geschieht, gibt es daher häßliche Absätze und Schlieren am Gießling, die abgeschliffen werden müssen.
Man kann dies verhindern, indem man zwischen dem Aushärten und erneuten Aufgießen einer Schicht nicht zuviel Zeit verstreichen läßt. Die nächste Schicht muß aufgegossen werden, wenn die Reaktionswärme der vorhergehenden abgeklungen ist.

Das Tempern

Wie bereits erwähnt, setzt sich die Polymerisation noch einige Stunden bis Tage nach der Aushärtung fort. Man kann diesen Prozeß beschleunigen, indem man den Gießling etwa eine halbe Stunde in einen Wärmeofen oder Backofen stellt, der eine Temperatur von etwa 50—80 Grad hat. Man nennt dies Tempern. Durch dieses Verfahren werden die Spannungen im Harz und zwischen

Autoschlüssel mit eingebetteten Pflanzen oder Muscheln sind ein hübsches Geschenk. Sie sind leicht und klappern nicht. Andere Vorschläge: Autonummer und Adresse aus Goldfolie schneiden und einbetten, oder einen Kompaß, Fotos oder wichtige Telefonnummern.

Harz und Einbettungsobjekt ausgeglichen, die letzten leichten Schrumpfungen setzen ein, so daß nach dem Tempern keine Veränderungen mehr befürchtet werden müssen.

Die eingebetteten Pflanzen auf diesem Tablett sind auf der Farbtafel deutlicher zu sehen. Die Platte wurde auf einer runden Glasplatte gegossen, deren Ränder mit Klebstreifen eingegrenzt wurden. Erst eine dünne Schicht (etwa 2 mm) aufgießen, darauf ein passend geschnittenes, rotes Papier legen. Nach dem Abbinden eine zweite dünne Schicht darübergießen und die Pflanzen auflegen. Darüber die oberste Schicht gießen. Zusammen sollten die Schichten nicht stärker sein als ein halber Zentimeter, sonst wird das Tablett zu schwer. In den Rand eine ungerade Zahl Löcher bohren, 4 mm starke Dübelhölzer einkleben und mit Peddigrohr umflechten. Den Abschluß bilden aufgeklebte Holzkugeln mit entsprechender Bohrung.

Färben

Polyesterharz läßt sich in jeder beliebigen Farbe einfärben. Es gibt dazu spezielle Abtönpasten in Tuben, die beliebig untereinander mischbar sind.

Die Farbe wird erst eingerührt, wenn Harz und Härter gut vermischt worden sind. Für durchsichtige Töne gibt man nur eine winzige Messerspitze auf einen Becher Harz. Besonders Schwarz und Weiß färben sehr intensiv. Für „milchglasfarbenes" Harz genügt ebenfalls eine Messerspitze. Satt deckende (opake) Farben erzielt man mit einem Pastenzusatz von 2—10 %. Immer gut verrühren, damit die Tönung gleichmäßig wird.

Besonders schöne, leuchtende Transpa-

rentfarben erzielt man mit sogenannten Polyurethan-Abtönpasten. Sie werden für Kunststofflacke gebraucht.

Bernsteinfarbenes Harz läßt sich ebenfalls gut einfärben; nur Weiß wird wegen der Eigenfarbe des Harzes etwas gelblich und trübe.

Es läßt sich also unter jedes Einbettungsobjekt eine farbige Grundschicht gießen, von der sich der eingebettete Gegenstand gut abhebt.

Bei eingefärbten Grundschichten muß man darauf achten, daß die nächste Schicht erst aufgegossen wird, wenn die erste ausgehärtet ist, d. h. die Reaktionswärme völlig abgeklungen ist. Sonst reißt die Reaktion der ersten Schicht die folgende mit; dadurch entstehen häßliche, hochgezogene Ränder bei der eingefärbten Schicht.

Manche Farben verzögern die Härtung etwas, besonders Weiß und Blau.

Schwierige Entformung

Manchmal sind gegossene Teile schwierig zu entformen, sei es, daß das Harz an den Formwänden stark anklebt oder die Gießform kompliziert ist. In einem solchen Fall läßt sich mit Gewalt nicht viel machen, man würde das Stück nur beschädigen. Daher seien hier einige Tips gegeben.

Elastische Formen drückt und weitet man etwas, damit Luft zwischen Wandung und Gießling gerät. Dann drückt man einen gewöhnlichen Saughaken auf die Oberfläche und zieht mit leichten Drehungen das Harzteil heraus.

Sollte dies nicht gelingen, nutzt man die Schrumpfung und Dehnung der Polyesterharze bei Temperaturunterschie-

den aus. Dieses Verfahren gilt besonders für feste, unelastische Formen.

Zunächst wird getempert (siehe Kapitel: Das Tempern), d. h. der Gießling wird kurzzeitig erhitzt. Das kann auch in heißem Wasser geschehen. Dann abkühlen lassen. Wenn der Gießling sich auch jetzt noch nicht löst, legt man das Stück in den Eisschrank oder bei Frost ins Freie. Dazu muß man wissen, daß Kunststoffe sich bei Abkühlung bzw. Erwärmung etwa 6- bis 8mal stärker zusammenziehen bzw. ausdehnen als alle anderen Werkstoffe, z. B. Glas, Keramik oder Metall.

Bei Kältegraden zieht sich also der Formling stark zusammen und löst sich eigentlich immer von der Formwand ab, so daß man ihn herausnehmen kann.

Bei der Entformung einer verlorenen Form (z. B. mit Gießharz gefüllte Glaskugelvasen) wird im Prinzip dasselbe Verfahren angewandt. Man legt die Glasform in heißes Wasser; das Gießharz dehnt sich stärker aus als das Glas, daher sprengt es die Form.

Auflegen von Folien

Um sich die Schleifarbeiten bei den Gießharzblöcken weitgehend zu ersparen, kann man die Oberfläche der letzten Schicht mit einer Folie abdecken. Sie hält den Luftsauerstoff während der Aushärtung fern. Nach der Polymerisation läßt sich die Folie einfach abziehen und die Gießharzoberfläche ist verhältnismäßig blank und eben. Sie ist auch völlig klebfrei und hart.

Als Abdeckfolie benutzt man Hostaphan oder Cellophan. Diese Folien lassen sich mehrmals verwenden; man sollte nur darauf achten, daß sie keine Risse oder Knicke bekommen, die sich nicht glätten lassen. Am einfachsten ist die Anwendung, wenn die Gießform ganz voll gefüllt und ganz mit Folie abgedeckt wird. Vor dem Auflegen die Luftblasen hochsteigen lassen. Eine gleichmäßig ebene Oberfläche erhält man, wenn auf die Folie noch ein Stück Glasplatte gelegt wird.

Nach dem Gelieren muß die Folie gleich abgezogen werden. Sonst kann es passieren, daß sich durch die Schrumpfung des Harzes die Folie wirft und wellige Abdrücke auf dem Harz hinterläßt.

Folienbedeckte Oberflächen sind allerdings niemals so blank und glänzend wie polierte. Wenn man sie daher noch leicht schleifen und polieren möchte, beginnt man gleich mit Schleifpapier Körnung 400. Da keine klebrige Schicht mehr zu entfernen ist, geht das Schleifen natürlich sehr schnell.

Ausgezeichnet eignet sich die Folie auch als Unterlage für größere Stücke, beispielsweise Tischplatten. Eine Glas- oder Metallplatte wird dazu mit der Folie belegt. Die Rahmenleisten kann man ebenfalls mit der Folie beziehen. Man klebt sie mit Leim auf. Die Schichten aufgießen und die letzte oberste Schicht wieder mit Hostaphan abdecken. Die Platte kann man blank und glänzend herauslösen.

Zwischenschichten aus Gießharz, auf die noch eine Schicht Harz aufgegossen werden soll, darf man nicht mit Folie bedecken. Die Schicht verbindet sich dann nicht fest mit der unteren. Die klebrige und wellige Gießharzschicht, die mit Luftsauerstoff ausgehärtet ist, sorgt für eine feste Verzahnung mit der darübergegossenen Schicht.

Vorsichtsmaßnahmen beim Umgang mit Polyesterharzen

Wichtig ist besonders das gute Lüften des Arbeitsraums. Die Styroldämpfe, die aus dem Harz entweichen, sind beim Ansetzen kleinerer Mengen nicht schädlich. Bei großen Mengen (ab etwa 5 kg in einem Ansatz) in geschlossenen Räumen können die Dämpfe gesundheitsschädlich und in ausreichender Konzentration auch explosionsgefährdet sein. Im Arbeitsraum des Hobbybastlers kommen größere Mengen normalerweise nicht vor, daher sei dies nur zur Information erwähnt.

Polyesterharze sind brennbar, man soll also nicht mit offener Flamme in der Nähe offener Harzbehälter hantieren.

Besondere Vorsicht ist im Umgang mit Härter geboten. Er darf nicht in die Augen und auf die Schleimhäute gebracht werden, weil er ätzend wirkt. Pastenförmige Härter sind ungefährlicher als flüssige, weil sie nicht spritzen können. Am besten benutzt man zum Anmischen und Aufgießen der Harze billige Einweg-Handschuhe aus Plastik, die man nach Gebrauch wegwirft.

Beim getrennten Ansatz von Harz, Beschleuniger und Härter dürfen Beschleuniger und Härter auf keinen Fall zusammengebracht werden, da Explosionsgefahr dabei besteht. In diesem Fall erst Beschleuniger zum Harz mischen, gründlich einrühren und dann erst den Härter zugeben.

Die Rolle des Beschleunigers

Das Harz, das man im Fachgeschäft kauft, ist bereits vorbeschleunigt, d. h. es enthält den bereits vom Hersteller in der richtigen Menge eingemischten Beschleuniger. Der Beschleuniger ist meistens eine auf Kobalt-Basis aufgebaute Verbindung.

Der verschieden hohe oder niedrige Anteil von Beschleuniger in den verschiedenen im Handel erhältlichen Gießharzen hat Einfluß auf die Aushärtezeiten und die Farbe der Polyesterharze.

Ein hoher Anteil von Beschleuniger bewirkt eine kurze Aushärtezeit (bei normaler Härterzugabe etwa 1—2 Stunden) und eine leichte Gelb- oder Rötlichfärbung des Harzes. Wenig vorbeschleunigtes Harz hat lange Aushärtezeiten (bis zu 12 Stunden) und meistens eine wesentlich hellere, fast glasklare Farbe.

Auch auf die Hitzeentwicklung während der Aushärtung hat der Beschleuniger Einfluß. Weil die Polymerisation in kurzer Zeit vonstatten geht, ist die Hitzeentwicklung bei verhältnismäßig hohem Beschleunigeranteil größer. Die ganze Wärme wird während der kurzen Aushärtungsphase auf einmal frei. Bei wenig vorbeschleunigtem Harz verteilt sich die freiwerdende Hitze auf eine längere Zeitspanne; sie wird also laufend abgeführt.

Dazu kommt, daß bei kurzer Aushärtung eine schnellere und kräftigere Schrumpfung des Harzes auftritt als bei langsamer Polymerisation. Die Spannungen, die sich im Harz und zwischen

Ein „Nägel-und-Schrauben-Mosaik"! Gießharz bietet die Möglichkeit, ungewöhnliche Materialien zu Collagen zusammenzufügen, die sonst technisch schwer kombinierbar sind.

◄ Wilde Möhre wurde in fertig gekaufte Formen eingebettet

werden. Der Vorteil ist die längere Haltbarkeit des reinen Harzes im Rohzustand. Trotzdem ist vom Selbstanmischen abzuraten, wenn nicht schon viele Erfahrungen vorliegen. Legt man z. B. ein Kilo zugrunde, müssen so geringe Spuren Beschleuniger zugemischt werden, daß sie nicht präzise abgemessen werden können. Da aber die Harzfarbe vom Beschleunigeranteil abhängt, ist es mit normalen Hilfsmitteln nicht möglich, immer die gleiche Tönung zu erhalten. Zum andern dürfen Härter und Beschleuniger auf keinen Fall zusammengebracht werden, da dann Explosionsgefahr besteht. Daher ist es weitaus einfacher, mit bereits beschleunigtem Harz zu arbeiten.

Das Gießen von Platten

Das Gießen von großen Platten für Tische u. ä. ist nicht ganz einfach, denn sie werden nicht eben, sondern wölben und verwerfen sich leicht. Das liegt an der unterschiedlichen Spannung der einzelnen Schichten.
Eine freitragende Platte macht man am besten so:
Ein Formrahmen wird auf einer glatten Unterlage befestigt. (Dazu siehe Kapitel: Selbstgebaute Formen.) In mehreren, möglichst dünnen Schichten werden die Objekte eingegossen.
Es soll sich möglichst wenig Wärme bilden. Die letzte Schicht wird mit Folie abgedeckt. Die Platte läßt man gut durchhärten und löst sie aus dem Rahmen. Je dicker die Platte ist, desto stärker sind die Ecken hochgewölbt. Die Spannung muß daher ausgeglichen werden. Man dreht die Platte, umklebt

Harz und Objekt ergeben, sind dadurch wesentlich größer als bei langsamer Polymerisation.
Daher wählt man das Gießharz je nach Einbettungszweck. Für hitzeempfindliche und weit verzweigte, auch sehr kompakte Objekte wählt man zweckmäßigerweise ein Harz mit langer Aushärtezeit. Kommt es auf schnelle Polymerisation an, benutzt man höher beschleunigte Harze. Die Aushärtezeiten (Topfzeiten) sind auf den Gebrauchsanweisungen angegeben.
Es werden auch manchmal Gießharze im Handel angeboten, die noch keinen Beschleuniger enthalten. Er wird extra geliefert und muß selbst zugemischt

die Ränder mit Umleimer oder Klebe-
folie und gießt eine Schicht auf. Bei
starken Verwerfungen muß eine zweite
Schicht von der Rückseite her aufgegossen werden. Man kann die Rückseite natürlich ebenfalls mit Folie abdecken, falls man sich Schleifarbeiten
sparen möchte. Durch den Zug der
rückseitigen Schichten wird die Spannung ausgeglichen und die Platte wird
eben. Zur Vermeidung von nachträg-
lichen Spannungen kann noch zusätzlich getempert werden. (Siehe Kapitel:
Tempern.)

Gießen auf Holz

Polyesterharz läßt sich fast auf jeden
trockenen und sauberen Untergrund,
wie z. B. Holz, Beton, Asbestzement,
aufgießen oder mit Glasfaser verstärkt
auflaminieren (dazu siehe Kapitel: Polyester und Glasfaser). Holz wird als Untergrund für Tischplatten häufig verwendet. Da es eine poröse Oberfläche hat,
die das Styrol des aufgegossenen Harzes aufsaugen würde, könnte das Harz
nicht mehr richtig polymerisieren. Es
muß daher mit einer Grundierung vor-

Pflanzen und Käfer sehen in schlichten rechteckigen Blöcken am schönsten aus.

35

behandelt werden, die die Poren schließt. Ebenso verfährt man mit anderen saugenden Untergründen. Die Einlaßgrundierung wird zusammengemischt aus 1 Gewichtsteil Harz mit Härter und 1 Gewichtsteil Gießharz-Reinigung. Gießharz-Reinigung besteht u. a. aus Styrol, das auch als Lösungsmittel im Harz vorhanden ist. Die Grundierung wird satt auf das Holz gestrichen. Sie dringt tief ein, verbessert sogar noch die Stabilität des Holzes, schließt die Poren und bildet einen sehr guten Haftgrund für die Harzschicht. Statt Gießharz-Reinigung gibt es auch spezielle Grundierungen, die noch zusätzlich für eine besonders gute Haftung des Harzes sorgen. Das Gießharz wird dann wie gewohnt angerührt und aufgegossen. Dies sollte innerhalb von fünf Stunden nach Aufbringen der Grundierung geschehen, damit sich die Harzschicht gut mit der ausgehärteten Grundierung verbindet.

Dicke auf Holz aufgegossene Gießharzschichten bewirken oft ein leichtes Verziehen des Holzes. Man gleicht dies aus, indem man auf die Gegenseite ebenfalls eine dünne Gießharzschicht aufgießt.

Auf diesem Beistelltisch ist allerhand Interessantes zu sehen. Meerestiere, Pflanzen, Schmetterlinge und Käfer verlocken dazu, sie einmal ganz genau zu betrachten.

So wird er gemacht: Auf eine Tischlerplatte (13 mm, 66 x 40 cm groß) werden Leisten (1 x 2 cm) hochkant aufgeleimt, so daß 15 gleichgroße, vertiefte Quadrate entstehen. Zunächst die Quadrate innen und an den Begrenzungsleisten mit Einlaßgrundierung aus Gießharz und Gießharz-Reinigung einstreichen (dazu siehe Kapitel: Gießen auf Holz). Innerhalb von fünf Stunden die erste Harzschicht eingießen. Sie ist weißgefärbt und kann dünn sein, weil sie nur als Hintergrundfarbe dienen soll. Abbinden lassen und eine dünne farblose Harzschicht aufgießen

(etwa 3 mm) und wieder aushärten lassen. Darauf legt man die Objekte. Sie wirken plastischer, wenn sie nicht direkt auf die gefärbte Grundschicht aufgelegt werden, sondern eine farblose Schicht dazwischengeschaltet wird. Die Objekte etwa zur Hälfte eingießen, nach dem Abbinden die letzte Schicht aufbringen, die die Gegenstände jetzt genügend dick bedecken muß. Die Gesamtharzschicht ist jetzt etwa 1,5 bis 2 cm dick.

Die klebrige Oberfläche wird jetzt mit den Holzleisten zusammen abgeschliffen, so daß eine ebene Fläche entsteht. Vor dem Polieren wird das Holz farbig passend gebeizt und anschließend das Harz poliert. Zum Schluß befestigt man fertig gekaufte Beine an der Tischplatte.

Hier wurde ein Glasbaustein aufgebohrt (in der Glaserei) und mit Gießharz und Einbettungsobjekten gefüllt. Er kann eine Glasbauwand reizvoll unterteilen. Allerdings löst sich der Harzblock mit der Zeit ein wenig vom Glas ab, weil er an der glatten Fläche schlecht haftet.

Kleben

Teile aus Gießharz lassen sich untereinander oder mit anderen Materialien entweder mit Gießharz oder 2-Komponenten-Klebern (z. B. Uhu-plus) verbinden. Diese Komponenten-Kleber sind etwas ähnliches wie das Gießharz; sie haften aber noch stärker und schrumpfen nicht. „Härter" und „Binder"

(= Harz) werden miteinander vermischt und auf die Klebestelle aufgetragen. Sie muß aushärten. Das dauert bei normaler Zimmertemperatur 24 Stunden; wenn man eine Heizsonne darauf richtet, nur etwa $1/2$ Stunde. Uhu-plus verbindet Teile aus Gießharz mit Metall (Broschennadeln, Manschettenknopfmechaniken, Ösen, Gießharzplatten auf Puderdosen, Kästchen usw.), Holz (Platten auf Kästen, auf Tischen usw.), Plexiglas (beim Windlicht auf der Titelseite) und Glas.

Gießharzblöcke untereinander lassen sich ebenso wie glasfaserverstärkte Polyesterteile (siehe: Polyester und Glasfaser) mit Gießharz verbinden. Farbloses und bernsteinfarbiges Harz wird mit 6% Härter vermischt und dünn auf die Klebestelle aufgetragen. Wenn die Teile nicht von selbst zusammenhalten, müssen sie mit Klebestreifen oder Bindfaden solange zusammengehalten werden, bis das Harz abgebunden hat.

Reinigung

Gießharzflecken lassen sich von der Arbeitsfläche oder aus der Kleidung mit Azeton oder Gießharz-Reinigung entfernen, wenn sie noch frisch sind. Vorsicht: Azeton ist feuergefährlich. Ausgehärtetes Harz läßt sich nur schwierig mit einem Messer abkratzen.

Gießharzgetränkte Pinsel, wie man sie beim Tränken von Glasfaser gebraucht, müssen in Azeton oder Reinigung gestellt werden, solange das Harz noch nicht abgebunden hat. Sie sollen gleich kräftig durchgearbeitet und dann herausgenommen werden.

Schmale Wandbilder sehen als Gruppe besonders dekorativ aus.

Dies ist eine Puderdose. Die gegossene Platte mit einer Margerite auf türkisgrünem Untergrund wird in eine Vertiefung des Dekkels eingeklebt. Die Puderdose als Rohform bekommt man im Bastelladen.

Das kann man einbetten

Grundsätzlich läßt sich alles einbetten, was trocken, fettfrei und sauber ist. Wenn die Objekte feucht sind, beginnen sie zu schimmeln. Außerdem fängt die Feuchtigkeit beim Erwärmen des Harzes an zu kochen, und führt zu Rißbildungen und anderen Fehlern.

Pflanzen

Jede gepreßte, trockene Pflanze läßt sich gut einbetten. Nur zarte weiße Blüten werden manchmal fast durchsichtig.

Moose und Gräser sehen eingegossen sehr dekorativ aus. Gepreßte, bunt verfärbte Herbstblätter verändern sich durch das Einbetten nicht. Auch Schilfgras läßt sich gut einbetten und ist auch im Winter zu haben.

Blumen, die ganz schnell gepreßt werden sollen, legt man zwischen Löschpapier und bügelt sie, bis sie trocken sind.

Sehr gut eignen sich Trockenblumen, die auch im getrockneten Zustand die Farben behalten, wie beispielsweise Strohblumen. Im Blumenladen bekommt man auch ausländische getrocknete Blumen, die sich sehr gut zum Einbetten eignen: Silberdisteln, Artischocken und tropische Gräser.

Auch im Wald findet man geeignete Objekte: Tannen- und Kiefernzapfen, Bucheckern und Federn.

Bis jetzt gibt es keine sichere Methode, frische Pflanzen in Polyesterharz einzubetten. Die Feuchtigkeit ist nicht einmal das Hauptproblem, sondern die empfindlichen Blütenfarbstoffe, die vom Härter angegriffen werden.

In langsam aushärtendes, nicht viel Hitze entwickelndes Gießharz können fast alle gelben Blüten eingebettet werden. Gelber Blütenfarbstoff ist ziemlich unempfindlich; auch alle grünen Teile lassen sich relativ gut einbetten, wenn auch das Grün etwas verblaßt.

Frische Blumen sowohl form- als auch farbgetreu einbetten zu können, ist das Ziel aller, die sich mit Einbettungen befassen.

Ein erfolgversprechender Weg läge darin, die Pflanze mit einem farblosen Lack oder einer anderen Flüssigkeit zu überziehen, die auftrocknet und sowohl vom Blütenfarbstoff als auch vom Polyester-

Dicke, bunte Glasklicker in Gießharz — solch ein Block eignet sich gut als Lampenfuß.

harz vertragen wird und nach dem Einbetten nicht zu sehen ist. Vielleicht experimentieren Sie mal! (Über das farb- und formerhaltende Präparieren von Pflanzen gibt es auch Spezialliteratur: z. B. Stehli/Brünner, Pflanzensammeln — aber richtig; Kosmos, Stuttgart.)

Tiere

Einfache, aber dekorative Einbettungsobjekte sind Muscheln und Schneckengehäuse. Hübsch verzweigte Korallenstückchen, Gehäuse von Seeigeln und Taschenkrebsen eignen sich ebenfalls. Getrocknete Seepferdchen, Steinpicker, kleine Schollen, Seesterne und vieles andere kann man billig kaufen. Einige dieser Meerestiere wurden in der Tischplatte verarbeitet — abgebildet auf der Farbtafel S. 32. Schmetterlinge gibt es schon lange zu kaufen. Allerdings sind die fleischigen Körper, die schwierig zu präparieren und zu lagern sind, durch Papierkörper ersetzt.

Alle diese Tiere sind einfach einzubetten und für Experimente mit Gießharz sehr zu empfehlen.

Der folgende Abschnitt ist vor allen Dingen für ernsthafte Sammler und Lehrer gedacht, die Tiere zu Anschauungszwecken einbetten wollen.

Der Laie sollte dabei bedenken, daß es nicht der Sinn der Sache sein kann, wahllos und ohne System lebende Tiere zum Einbetten zu töten, sondern sollte sich vielmehr mit der einschlägigen Literatur befassen und sich zum fachlich versierten Sammler heranbilden.

Kleine **Fische** lassen sich gut einbetten. Allerdings verschwinden bei vielen Exemplaren die Farben schon beim Abtöten. Die Fische werden durch leichten Druck auf beide Kiemen getötet — bei mangelnder Übung sollte dies lieber ein Fachmann machen. Das Tier in 96%igen Isopropylalkohol legen. Etwa drei bis fünf Stunden darin belassen, je nach Größe; herausnehmen und nicht länger als etwa 5 Stunden trocknen lassen. Zum Einbetten langsam abbindendes Gießharz benutzen. Während der Gelierung im Wasserbad kühlen. Der im Fisch enthaltene Alkohol sorgt für die Konservierung.

Größere Tiere eignen sich meistens nicht gut für Einbettungen. Durch Verkleben von Haar- und Federkleid durch das Polyesterharz kommt kein charakteristischer Eindruck zustande. Außerdem gibt es dafür bessere Präpariermöglichkeiten.

Dagegen sind die **Skelette** problemlos einzubetten und bilden hervorragendes und unverwüstliches Lehrmaterial besonders für Schulen.

In Gießharz eingebettete **Käfer** sind ebenfalls sinnvolles Anschauungsmaterial. Sie sind haltbar, können nicht zerbrechen oder von Schädlingen zerstört werden. Im Harz behalten sie ihre volle Schönheit. Über das fachlich richtige Sammeln der verschiedenen Käfer gibt es ausführliche Literatur. Daher seien hier nur einige Tips für Anfänger gegeben, die besonders für Einbettungen gelten.

Käfer tötet man schnell und schmerzlos in einem kleinen Glas (größeres Tablettenröhrchen), in das ein Stück Zellstoff gelegt wird, der mit Essigäther getränkt ist. Es darf eben feucht, aber nicht naß sein, damit empfindliche und feine Teile des Insekts nicht verkleben. Nach etwa

Ein „Aquarium" im Gießharzblock mit Korallen, Wasserpflanzen, Muscheln und Krabben.

einer halben Stunde den Käfer herausnehmen und richten. Die Beine werden
mit kleinen Hölzchen und Stecknadeln
auf einer weichen Unterlage (weiche
Pappe) gerichtet, d. h. in Laufstellung

gebracht, Fühler und Taster übersicht-
lich und natürlich gelegt.
Normalerweise werden die Käfer zum
Richten genadelt, d. h. auf eine Insek-
tennadel gespießt. Zum Einbetten ist

das nicht zu empfehlen, weil ein unbeschädigter Käfer in Polyesterharz natürlich schöner und perfekter ist.

Der Käfer soll etwa einen Tag an einem warmen, trockenen Ort liegen, bevor er eingebettet wird. Sehr große Exemplare brauchen längere Trockenzeiten. Bei großen Käfern ist es auch ratsam, den Chitinpanzer mit einem alkoholgetränkten Wattebausch abzureiben, damit Fettrückstände beseitigt werden, die zu Ablösungen des Harzes führen können. Trotz sorgfältiger Behandlung kommt es bei einigen Käfern manchmal zum Ablösen des Harzes vom Chitinpanzer. Durch die umgebende Luftschicht erscheint das Insekt jetzt wie von einem silbrigen Schimmer umgeben. Das kann recht reizvoll sein, ist aber nicht immer erwünscht. Die Ursache liegt in der relativ schlechten Haftung des Harzes an glatten Materialien, aber auch an zu schneller, heißer Aushärtung. Durch verstärkte Spannung und Schrumpfung löst sich das Harz oft noch nach Tagen ab. Vermeiden läßt sich dies durch dünne Schichten, langsame Aushärtung und eventuell Kühlung bei der Gelierung des Harzes.

Käfer und andere Insektenarten bettet man immer in wenigstens drei Schichten ein, um Luftblasen zu vermeiden. (Dazu siehe Kapitel: Einbetten von luftgefüllten Objekten.)

In Alkohol konservierte Insekten müssen ein paar Stunden getrocknet werden, bevor sie eingegossen werden können.

Schmetterlinge werden wie Käfer getötet und gerichtet. Sie können dazu genadelt werden, weil die Einstichstelle praktisch nicht zu sehen ist. Schmetterlinge werden auf dem Spannbrett gerichtet, doch für Einbettungen richtet man sie möglichst nicht flach aus, weil sie dann unplastisch und leblos wirken. Die Flügel sollten vielmehr durch Unterlegen von Hölzchen leicht aufgestellt werden, um einen lebendigen Eindruck wiederzugeben. Nach Eintreten der Starre können sie eingebettet werden. Dabei verfährt man am besten so: eine Grundschicht aufgießen und gelieren lassen. Wenn die oberste Schicht noch fast flüssig ist, den Körper auflegen. Durch das Erstarren der obersten Schicht ist jetzt der Körper fest, die Flügel sind leicht nach oben gerichtet und beim nachfolgenden Aufgießen der Schichten kann das Objekt sich nicht mehr verschieben. Es versteht sich von selbst, daß man beim Auffüllen nicht direkt auf die empfindlichen Teile gießt, sondern sorgfältig drumherum, damit man nichts beschädigt.

Nicht alle Schmetterlinge eignen sich zum Eingießen. Bei vielen Exemplaren

So naturgetreu lassen sich kleine Fische in Polyesterharz erhalten.

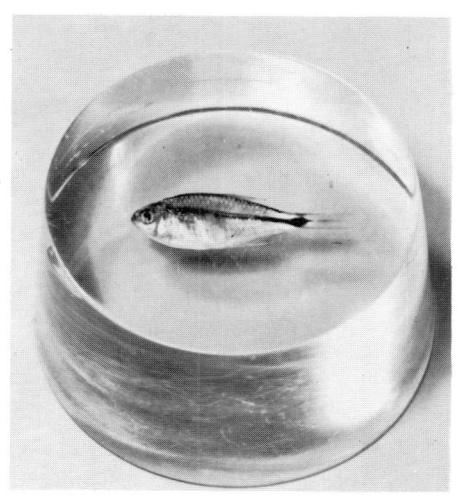

verschwindet der irisierende Glanz auf den Flügeln. Grundsätzlich verschwinden alle Farben beim Eingießen, die auf Lichtreflektion beruhen, weil das Harz eine andere Lichtbrechung hat als Luft. Dies gilt besonders für alle blauen Schattierungen, während gelbe, braune, schwarze und orangerot bis dunkelrote Töne gut herauskommen. Nicht vermeiden kann man jedoch, daß fast alle Schmetterlinge in Polyesterharz leicht durchsichtig erscheinen. Dies ist allerdings eine sehr reizvolle Erscheinung, die das Zarte und Zerbrechliche dieser Insektenart noch betont.

Bereits starre Insekten lassen sich wieder erweichen. Dazu füllt man ein Glas (Weckglas o. ä.) mit feinem, gewaschenem Seesand (auch in der Tierhandlung erhältlich) und feuchtet ihn an. Zur Verhinderung von Schimmelbildung fügt man einige Kristalle Thymiol (Apotheke) hinzu. Darauf wird eine dünne Schicht Zellstoff gelegt und die Insekten einige Tage aufgelegt, bis sie weich sind. Sie können dann gerichtet werden und müssen wieder trocknen. Das Einbetten von Tieren in Polyesterharz ist noch so jung, daß noch nicht allzuviele Erfahrungen damit vorliegen. Daher kommt man um eigene Experimente nicht herum. Darin liegt aber der große Reiz — das sollte man nicht vergessen.

(Über Bau, Lebensweise, Sammeln und Konservierung von Tieren gibt es viele weiterführende Literatur, z. B. „Sammeln und Präparieren von Tieren" von Georg Stehli, Kosmos, Stuttgart.)

So hübsch lassen sich Fotos einbetten! Beim linken Block sieht man deutlich den plastischen Effekt. Rechts ein Fotoausschnitt vor rotem Hintergrund eingebettet. Umrahmt wurde der Ausschnitt mit eingelegten Perlen.

Ein Kasten für Münzensammler.
Die dünne Gießharzplatte mit
eingegossenen Münzen ist in eine
Vertiefung des Holzkastens geklebt.

Verschiedene Sachen

Schwarzweiße und farbige Fotos lassen
sich ohne Schwierigkeiten einbetten.
Sie sehen dadurch sehr brillant und
plastisch aus. Blöcke mit eingebetteten
Fotos von den Kindern eignen sich als
hübsche Briefbeschwerer für Vaters
Schreibtisch.
Besonders gut gelungene Scheren-
schnitte, Faltsterne oder Seidenpapier-
transparente lassen sich eingießen und
zu den vielfältigsten Dingen verarbeiten.
Sie können unbesorgt auch im Freien
angebracht werden und sind doch unverwüstlich.
Plakate oder Kunstdrucke lassen sich
mit Polyesterharz „verglasen". Oft
durchdringt das Harz das Papier derart,
daß der Druck transparent wird und dadurch erheblich an Leuchtkraft gewinnt.
Ebensogut kann man Briefmarken eingießen. Für einen Briefmarkensammler
wäre z. B. eine Tischplatte oder Bücherstütze mit eingebetteten Briefmarken
ein originelles Geschenk.
Aus praktisch allen Materialien lassen
sich Collagen zusammenstellen und eingießen, die durch den plastischen Effekt
bestechen.
Einige Anregungen zum Eingießen:
Münzen, Schrauben, Zahnrädchen, Kristallglassteine, Mosaike, Glasperlen,
Schlüssel, Sanduhren, Goldfolie, Kompaß, Stoffe, Zeichnungen und vieles andere.

Eingebettete Liebhaberobjekte wie Schiffs- oder Automodelle machen den Sammlern dieser Dinge Freude. Aber Vorsicht: viele Modelle sind aus Polystyrol und lösen sich in Polyester auf. Daher vor dem Einbetten an einer unauffälligen Stelle eine Tropfenprobe machen.

Fertige Formen

Verschiedene Gießformen und ihre Vorbehandlung

Es eignen sich fast alle Materialien zum Herstellen einer Gießform. Sie müssen nur dicht sein und möglichst glatte Wandungen haben. Am häufigsten werden Plastik, Glas, Metall und Holz verwendet. Bei der Auswahl und Vorbereitung der Form soll man bedenken, daß man um so weniger Schleifarbeiten hat, je glatter, geschlossener und genauer die Form ist. Einige Formen aus Metall, Holz und Glas müssen vorbehandelt werden, damit sich das Harz leicht ablöst.

Es eignen sich viele Dinge als Gießform, die man fertig kaufen kann. Am besten sind Tiefkühldosen, Schüsseln, Eiswürfelbehälter usw. aus Polyäthylen (Hostalen, Lupolen). Sie haben meistens ein milchig-weißes Aussehen und sind biegsam. Die Oberfläche ist wachsartig, deshalb läßt sich das Harz sehr gut ablösen. Man soll aber darauf achten, daß die Innenseite möglichst glänzend ist. Dann wird auch der Gießharzblock glänzend und man erspart sich mühselige Polierarbeit.

Diese Formen eignen sich ohne jede Vorbehandlung zum Eingießen.

Außer Polyäthylen eignen sich auch Formen aus Polypropylen (Hostalen PP) und PVC-hart. Allerdings sind die einzelnen Kunststoffarten für den Laien schwer zu unterscheiden.

Der große, gelbe Kasten ist direkt mit Polyester beschichtet worden (siehe Kap. Gießen auf Holz). Er wurde mit Klebstreifen umrandet. Die Grundschicht ist weiß eingefärbt, darauf wurden die Pflanzen gelegt und mit einer farblosen Schicht übergossen. Die Oberfläche wurde während der Aushärtung mit Folie bedeckt.

Dies ist beide Male derselbe Block mit eingebetteten Seepferdchen — einmal von vorn, das andere Mal von einer Seitenkante aus gesehen. Solche reizvollen Anblicke entstehen durch Spiegelung und Lichtbrechung im Gießharz.

Speziell zum Eingießen gibt es tiefgezogene Plastikformen für Schmuck und Briefbeschwerer, die man im Bastelladen kaufen kann. Sie können beliebig oft verwendet werden.

Achtung: Formen aus Polystyrol eignen sich nicht zum Eingießen. Polystyrol ist das meist glasklare, aber auch eingefärbte spröde und leicht verkratzbare Plastikmaterial, in dem viele Kleinteile heute verpackt sind. Es wird von Gießharz angegriffen und aufgelöst. Wenn man sich nicht darüber im klaren ist, um welche Art Plastik es sich handelt, kann man eine Probe machen: einen Tropfen Harz auf die Form geben und nach 10 Minuten abwischen. Wenn die Form an dieser Stelle sehr klebrig, trübe und rauh erscheint, kann sie nicht verwendet werden.

Glas ist als Formmaterial ebenfalls gut zu gebrauchen. Damit sich das Harz nach dem Aushärten gut ablösen läßt, muß die Form jedoch mit **Trennwachs** präpariert werden.

Trennwachs ist meist flüssig, aber es gibt auch feste Trennwachse. Mit einem Lappen reibt man die Form gut ein, läßt das Wachs einige Minuten trocknen und poliert dann gut nach. Selbst bei kräftigem Polieren bleibt noch eine hauchdünne Schicht auf dem Glas bestehen, die für das leichte Ablösen des Harzes sorgt.

Statt speziellem Trennwachs kann man zur Not auch normales Hartglanzwachs verwenden, wie es im Haushalt gebraucht wird.

Das Trennmittel oder auch Trennlack genannt, ist eine wasserlösliche Flüssigkeit. Sie wird bei schwierigen Formen über das Wachs gestrichen. Man trägt das Trennmittel mit einem Läppchen oder einem feinen Lackierpinsel auf und läßt es gut trocknen, bevor man das Harz in die Form gießt.

Becher, Flaschen, Kugelvasen, Tablettengläschen und besonders Petrischalen sind hübsche Gießformen. Petrischalen sind runde, flache Schalen, die es in verschiedenen Größen im Sanitätsgeschäft gibt. Man kann damit gut Untersetzer herstellen oder Fotos eingießen. Flaschen lassen sich schlecht von innen wachsen. Sie werden stattdessen zweimal mit Trennmittel ausgeschwenkt. Zum Entformen müssen sie natürlich, genau wie Kugelvasen, zerschlagen werden oder besser: in den Eisschrank gelegt werden. Das Glas zieht sich dann durch die Kälte zusammen und springt sauber vom Harzblock ab. (Dazu siehe Kapitel: Schwierige Entformung.)

Beim Zerschlagen der Form mit dem Hammer verletzt man nämlich auch oft den Harzblock.

Glasformen, die sowieso zum Entformen zerstört werden müssen, brauchen überhaupt nicht gewachst oder gelackt werden, wenn man sie durch Temperaturunterschiede vom Gießharz trennt.

Ausgediente Glühbirnen sind billige und hübsche Gießformen für halbkugelförmige Gießlinge, wenn man den oberen Teil vorsichtig entfernt hat.

Auch Metallformen, wie leere Cremedosen, Deckel von Kaffee- oder Keksdosen sind ebenfalls als Gießformen geeignet. Sie müssen wie Glas gewachst und eventuell mit Trennmittel eingepinselt werden.

Große Platten für Tische oder ähnliches lassen sich gut auf Aluminiumplatten gießen, die mit Leisten oder Klebestreifen umrandet werden.

Selbstgebaute Formen

Eine beliebig verstellbare Form läßt sich ganz leicht selbst machen und immer wieder gebrauchen: Man braucht dazu eine nicht zu dünne Glasscheibe, etwa 30 x 30 cm groß. Außerdem vier Holzleisten, 60 x 15 mm, die in einer Länge von 20 cm sauber rechtwinklig gesägt und glattgeschliffen sein müssen.

Die Leisten werden sorgfältig gewachst und mit Trennmittel eingerieben. Jetzt kann man sie zu jeder beliebigen Größe auf der Glasplatte befestigen, wie es die nebenstehenden Zeichnungen veranschaulichen.

Auch Resopal als Unterlage und mit Resopal beklebte Randleisten eignen sich vorzüglich als Formenmaterial. Resopal braucht nur dünn mit Trennwachs eingerieben zu werden.

Die Leisten können auch mit Hostaphan-Folie beklebt werden. Allerdings hat das den Nachteil, daß sich das Harz sehr leicht von den Leisten löst und daher beim Schrumpfen der ersten Schichten leicht eine Lücke zwischen Harz und Leistenrand entsteht und das nachfolgende Aufgießen schwierig wird. (Siehe dazu Kapitel: Die Schrumpfung.)

Auch glasklare, dicke PVC-hart Folie, die man kaufen kann, eignet sich gut zum Selbstherstellen einer variierbaren Form (siehe Abbildung).

Mit Kaltleim werden die Leisten zum Rahmen zusammen und auf die Platte geklebt. Der Rahmen läßt sich jederzeit wieder lösen, weil die Leisten gewachst sind. Falls es doch einmal schwierig sein sollte, läßt man heißes Wasser über die Klebestellen laufen, damit sie sich lösen. Die Glasplatte muß natürlich ebenfalls gewachst sein.

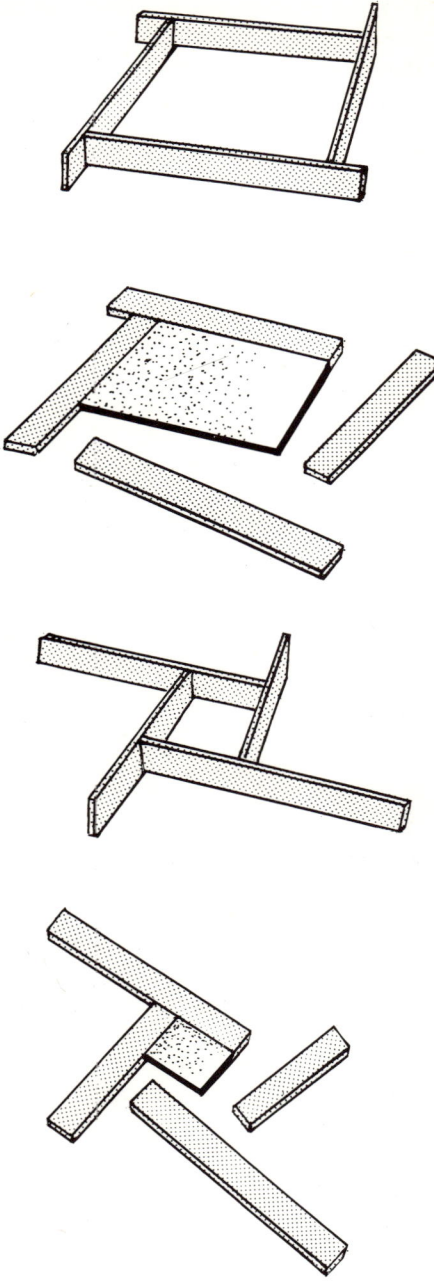

Um mit Sicherheit zu verhindern, daß das Harz beim Eingießen in die Form durch eventuelle Scharten unter den Leisten hindurchdringt, hat sich folgender Trick bewährt:

Nach dem Aufkleben des Rahmens legt man dicht an der Außenkante der Leisten einen kleinen „Wall" aus Leim an. Sobald er angetrocknet ist, kann die erste Harzschicht eingegossen werden. Vor jedem Gebrauch werden die Leisten erneut mit Trennmittel behandelt. Formen für große, runde Gegenstände (z. B. ein Tablett) macht man aus runden Glas- oder Metallscheiben, die mit Klebestreifen (Tesakrepp) umklebt werden. Die eine Hälfte des Streifens wird untergeklebt, die andere steht als Rahmen hoch.

Wenn man die Oberfläche mit Folie abdecken will, muß der Rand aus steiferem Material hergestellt werden. Dazu eignen sich Umleimer aus Kunststoff oder Furnierstreifen, die mehrmals herumgeführt und zusammengeleimt werden.

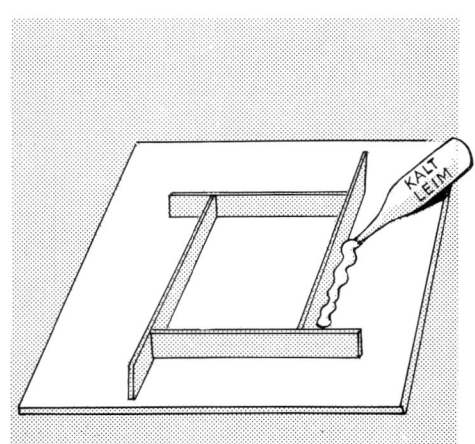
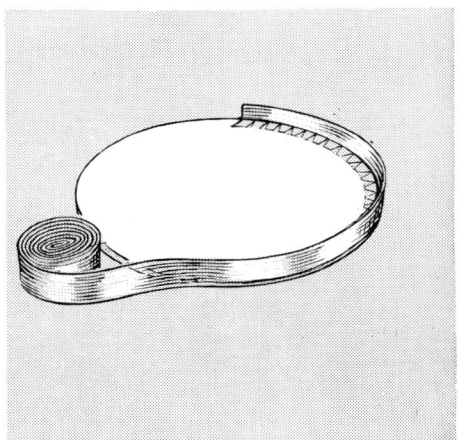

Einige
Anregungen
in Fotos

Eine kleine Scholle: sie ist durch
das Harz fast durchsichtig geworden und läßt feinste Einzelheiten
erkennen.
Solche kleinen Dinge — hier ein
Briefbeschwerer mit einem zarten
Schmetterling — kann man oft betrachten und sich daran erfreuen.
Eine reizvolle Fensterdekoration:
sternartig gepreßte Wilde Möhren
wurden mit einem Hauch Goldfolie
übersprüht und in flache, runde
Scheiben eingebettet (Gießform:
Petrischalen). Auch ein Mobile läßt
sich daraus machen.

Uhrenteile in eine Halb-
kugelform eingebettet; dadurch werden sie optisch
interessant verzerrt.

Ein sorgfältig geschnittener
Stern aus Goldfolie ist hier
eingegossen als Deckel für
ein Holzkästchen verwert-
bar. Die Plastizität und die
Lichtreflexe des Goldpa-
piers kommen in glasklar-
rem Harz besonders schön
zur Geltung.

Eine Strandkrabbe und ein Stück
Koralle — eingebettet bilden sie
lehrreiches und dekoratives Anschauungsmaterial.

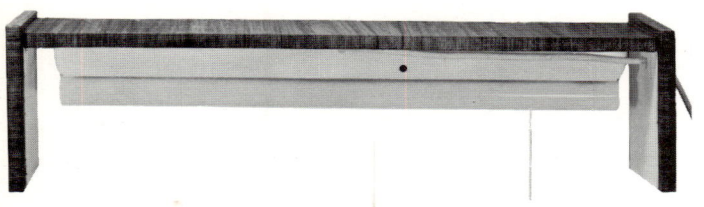

Diese Lampe hat eine Platte aus Gießharz, in die bunte Kristallglassteine eingebettet sind. Die Konstruktion zeigt das untere Foto. Als Lichtquelle dient eine 50 cm lange Leuchtstoffröhre. Innen ist das Holz weiß anlackiert, um das Licht zu reflektieren, außen mit Mikroholz furniert. Die Platte wurde geschliffen, aber auf der Innenseite nicht poliert, so daß sie mattmilchig wirkt. Sie wird mit Uhu-plus eingeklebt.

Die Konstruktion der Lampe vom Titelbild zeigt das nebenstehende Foto. Der Zylinder, der lose auf den Kasten aus zusammengeleimten Leisten aufgesetzt wird, besteht aus einer Gießharzform und milchfarbenen Plexiglasscheiben, die mit Uhu-plus verklebt werden. Statt der Birnenfassung, die in eine entsprechende Bohrung des Kastens eingesetzt wird, kann man auch eine Kerze verwenden. Die Lampe wird dann zum gemütlichen Windlicht.

In einen Block eingegossene Silberdistel (siehe auch Titelbild). Vielseitige Verwendung als Bücherstütze, Glasbaustein, Kerzenhalter oder Briefbeschwerer.

Eine Edelstahldose, mit einer dekorativen Gießharzplatte beklebt, wird zum hübschen Schmuckbehälter.

Dies eingegossene Blumenarrangement, mit einem Holzprofil umklebt, eignet sich als Untersetzer für heiße Kannen ebenso gut wie als Wandbild.

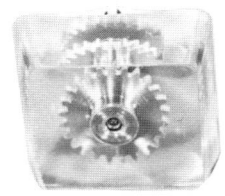

Schmuck aus Gießharz. Manschettenknöpfe u. Armband sind in Eiswürfelbehältern gegossen u. brauchten daher nur auf der Rückseite etwas geschliffen zu werden.

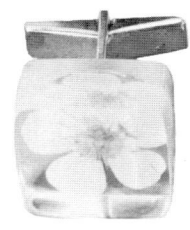

Mit eingebetteten Zahnrädchen oder Schrauben sind sie ein originelles Geschenk für einen passionierten Modellbauer. Die übrigen Manschettenknöpfe u. Ohrclips zeigen kleine Strohblumen, bunte Blüten und Gänseblümchen. Beim Armband sind Löcher an die Seiten gebohrt u. Ösen eingeklebt worden.

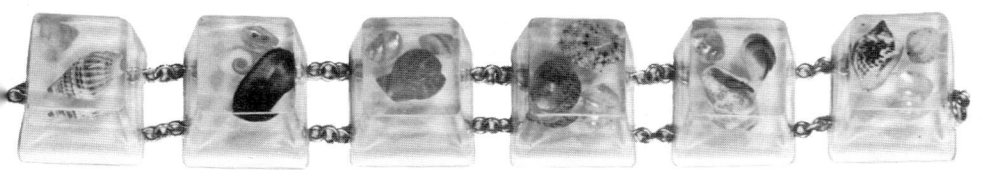

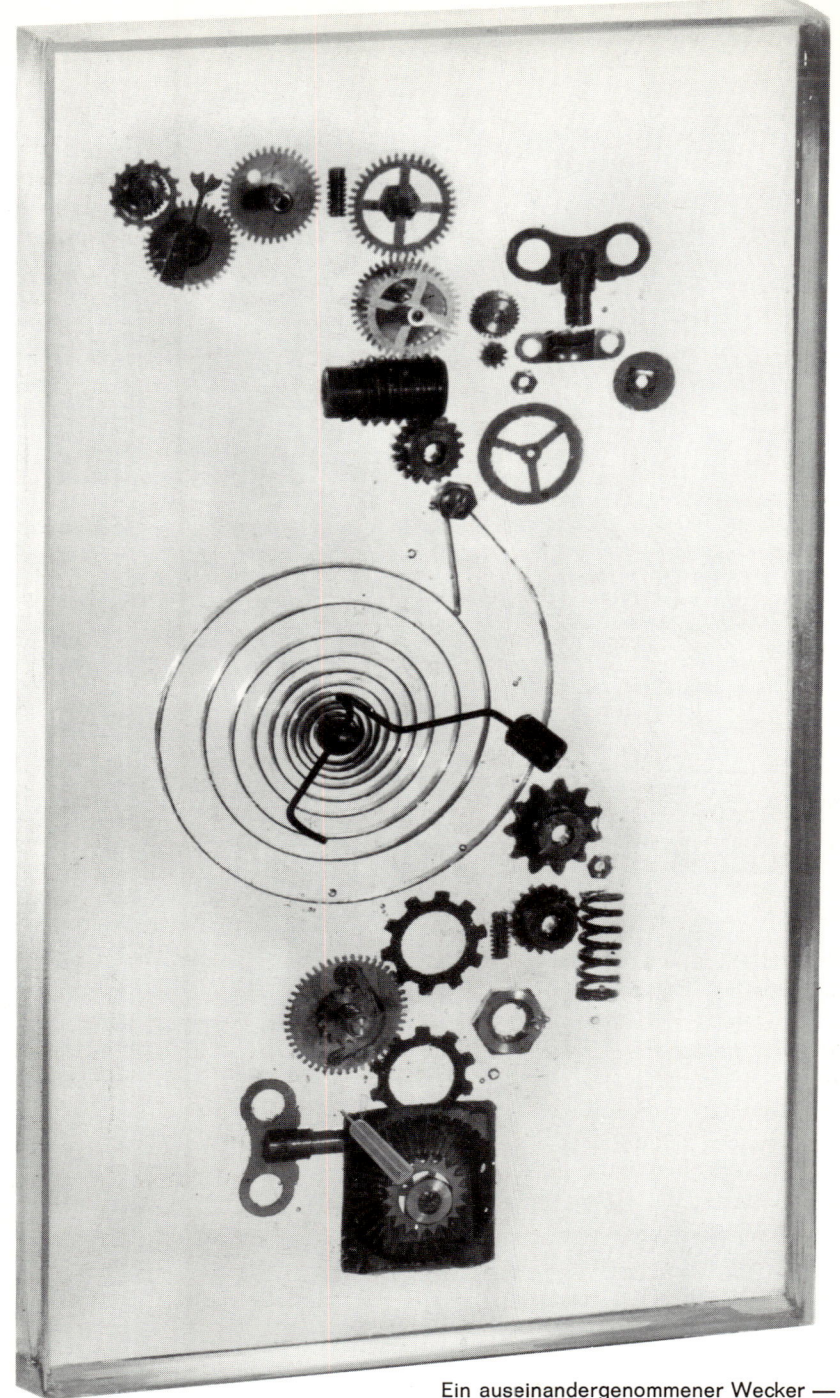

Ein auseinandergenommener Wecker —
zu einer reizvollen Collage in Gießharz eingebettet.

Die Grundform wird mit einem Messer herausgeschnitten und mit einem dicken Rand aus Knetmasse umgeben.
Er muß gut angedrückt werden, damit das Gießharz nicht durch eine Lücke herauslaufen kann. Dann die Form innen mit Trennmittel einpinseln und trocknen lassen. Das Harz kann farblos, bernsteinfarben oder beliebig eingefärbt hineingegossen werden.
Nicht zuviel Härter zumischen, sonst entsteht zuviel Reaktionswärme und die

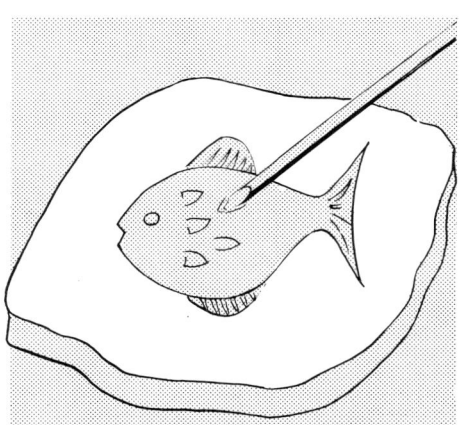

Reliefs aus Gießharz

Reliefarbeiten in Knetmasse lassen sich mühelos in Gießharz übertragen. Dadurch werden sie haltbar, unempfindlich und können sogar im Freien angebracht werden.
Die Knetmasse (z. B. Plastilin) wird zu einer gleichmäßigen, etwa 1 cm starken Platte ausgewalzt. Mit den Fingern, Pinselstielen oder verschieden geformten Hölzchen, Schrauben und Zahnrädchen drückt man ein vertieftes Bild ein. Natürlich kann man auch durch Aufsetzen von Röllchen oder Knötchen reliefieren.

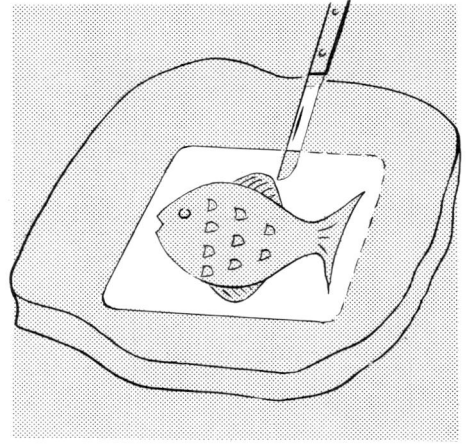

Knetmasse weicht zu stark auf. Nach dem Aushärten kratzt man die Knetmasse mit einem Messer ab. Überreste in feinen Zwischenräumen lassen sich durch Bürsten unter heißem Wasser gut entfernen. Nun sieht man, daß sich jede feinste Spur in der Knetmasse auf das Harz übertragen hat.

Durch eingestreute Glasperlen oder Flitterstückchen, Seidenpapierfetzen und ähnliches kann das Relief belebt und ausgeschmückt werden. Natürlich kann man auch in mehreren Schichten gießen, z. B. die Vertiefungen in transparenter, die Hintergrundschicht in kontrastierender, deckender Farbe.

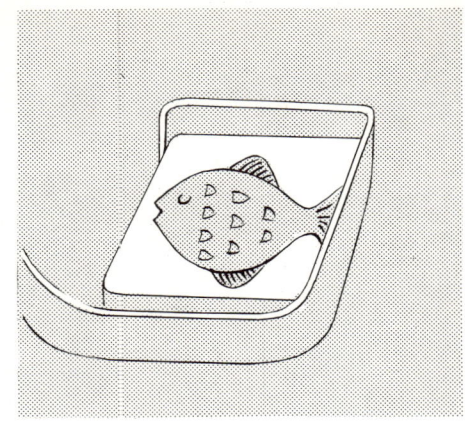

Bei dieser Technik wird die Form nur einmal gebraucht und dann durch das Ablösen der Knetmasse zerstört. Will man ein Relief mehrmals abformen, muß die Grundform haltbar gemacht werden. Das Relief läßt sich in Fimo formen, das ist ein Modelliermaterial, das durch Brennen im Backofen gehärtet werden kann. Es wird fest und zähelastisch. Die Reliefform muß mit Trennmittel behandelt werden. Sie läßt sich mehrmals in Gießharz abformen.

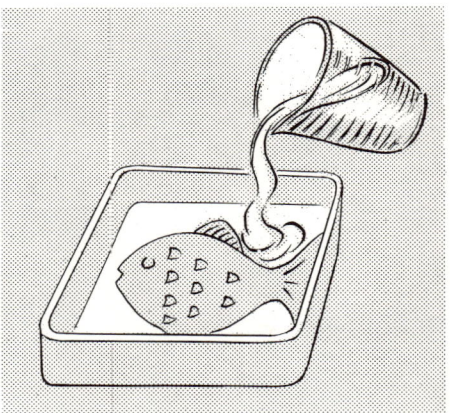

Besonders gut gelungene Reliefs aus Knetmasse lassen sich auch in Gips übertragen. Dazu wird das mit einem genügend hohen Rand umgebene Relief mit dünnem Gipsbrei ausgegossen.

Gleich etwas bewegen, damit Luftblasen entweichen können. Nach dem Abbinden ziehen Sie die Knetmasseschicht ab. Die Form wird mit einem Rand aus Klebestreifen oder Knetmasse umgeben. Die Gipsform muß mehrmals gut mit Wachs eingerieben und mit Trennlack gestrichen werden. Besser und haltbarer ist noch das Lackieren mit einem Polyurethanlack (sogenannter DD-

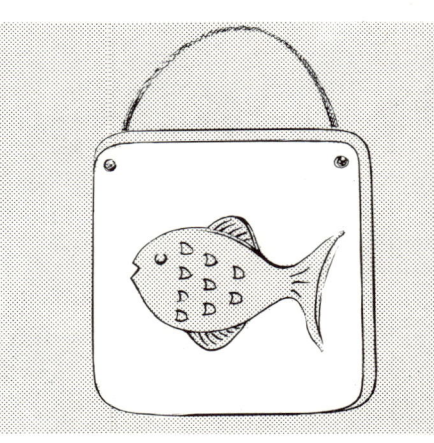

Die Form für diese Lampenplatte wurde zunächst in Knetmasse gedrückt, mit Gips abgeformt und mit milchig eingefärbtem Harz ausgegossen. Durch die dickeren Stellen leuchtet das Licht dunkler, durch die dünneren heller hindurch. Unten: die Gipsform.

Lack). Trennmittel muß bei jedem Guß erneuert werden, der Lack nicht. Gips hält nicht allzu viele Abgüsse aus. Ebenso kann man Ton und andere plastische Formmassen gebrauchen. Wichtig ist nur, daß mit Wachs und Trennmittel die Poren geschlossen werden, so daß das Harz nicht ankleben kann.

Komplizierte Formen lassen sich in Silikonkautschuk herstellen. Das ist ein zähflüssiger, grauer Kunststoff, der ebenso wie Polyesterharz mit Härter angemischt wird und abbindet. Er wird allerdings nicht richtig hart, sondern weich und gummiartig elastisch. Diese Sorte Kunststoffe nennt man Elastomere. Silikonkautschuk hat den Vorteil, daß er an keinem Material haftet und sich überall leicht ablösen läßt. Allerdings ist er nicht gerade billig. Man verwendet ihn dort, wo sehr präzise und viele Abgüsse gemacht werden sollen. Nehmen wir an, ein selbstgemachtes Relief (aus Holz, Ton, Gips o. ä.) oder ein altes Original soll abgeformt und in Gießharz vervielfältigt werden. Natürlich könnte man es in Gips abformen, doch hält eine Gipsform nur wenige Abgüsse aus und muß umständlich präpariert werden.

Man rührt den Kautschuk mit der angegebenen Härtermenge an und gießt eine Grundschicht in eine Form, die etwas größer als das Relief sein muß. Sie dient nur zur seitlichen Begrenzung. Die Grundschicht läßt man härten. Mit der Vorderseite nach unten legt man jetzt das Relief auf die Grundschicht und gießt bis zum Rand der Oberkante mit Silikon aus. Nach dem Aushärten läßt sich das Relief spielend herauslösen. Durch die elastische Eigenart des Materials lassen sich auch leichte Hinterschneidungen gut ablösen. Silikonkautschuk bildet alle Einzelheiten präzise ab, sogar Holzstrukturen und ähnliches. Der Abdruck läßt sich jetzt beliebig oft ohne weitere Vorbehandlung mit Harz auffüllen. Auch für komplizierte technische Teile (spezielle Bauteile, Gewinde, Ersatzteile) ist dieses Abformverfahren geeignet.

Um die mechanischen Eigenschaften zu verbessern und die Schrumpfung des Harzes so gering wie möglich zu halten, kann man das Gießharz mit Füllstoffen vermischen, wie z. B. mit feinem Quarzsand oder Eisenfeilspänen. Je nach Zweck gebraucht man farbloses Harz dort, wo es auf besondere Durchsichtigkeit ankommt und bernsteinfarbiges, wo schnelle Abbindezeiten und möglichst klebfreie Oberfläche erwünscht sind.

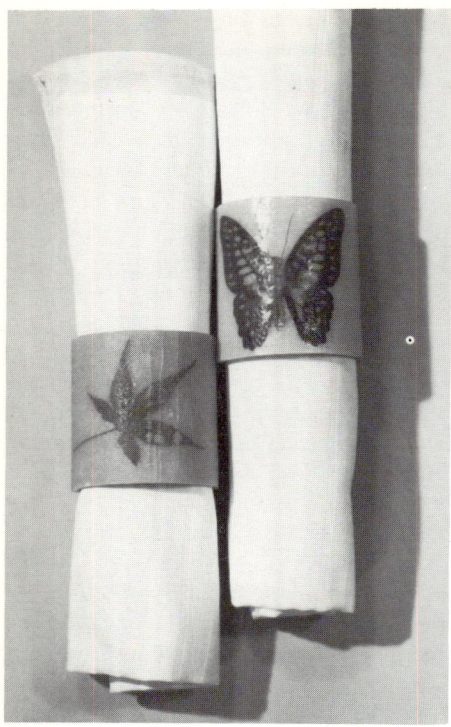

Serviettenringe: sie sind aus Glasfaserstrei-
fen gemacht, die über eine dicke Kerze lami-
niert wurden. Nach dem Aushärten kann man
sie leicht abziehen.

Polyester und Glasfaser

Glasfasermatten sind gewebeähnliche
Matten aus feinen zusammengepreßten
Glasfäden. Sie lassen sich, mit Gießharz
getränkt, in beliebige Formen bringen.
Dabei entstehen leichte, aber sehr stra-
pazierfähige Werkstücke. Dem Polyesterharz wird durch das Einlegen der
Glasmatte eine unangenehme Eigen-
schaft genommen — nämlich die Sprö-
digkeit und geringe Bruchfestigkeit.
Wir kennen solche „glasfaserverstärk-

ten" Gießharze besonders bei Booten,
Schwimmbecken, modernen Schicht-
stoffplatten und sogar Autokarosserien.
Auch bei dieser Art der Polyesterver-
arbeitung lassen sich Pflanzen und
ähnliches mit einbetten — allerdings
müssen sie ganz flach sein.
Ein Vorteil der glasfaserverstärkten
Gießharz-Technik: auch für große Teile
wird sehr wenig Harz benötigt. Dadurch
werden selbsthergestellte Lampen-
schirme, Tischplatten und ähnliches
recht preiswert.
Das Durchtränken der Glasmatten mit
Harz nennt man **laminieren.** Die Ver-
arbeitungsweise ist sehr einfach. Wenn
man auch nicht gleich ein Boot bauen
kann, weil die Herstellung einer Form
schwierig ist, so doch sehr viele ein-
fachere Teile, zu denen eine Form vorhanden ist oder leicht gebaut werden
kann.
Wieder wollen wir anhand zweier Bei-
spiele den Arbeitsablauf kennenlernen:
es sollen eine lange, halbrunde Schreibschale und ein Lampenschirm hergestellt
werden. Beide Teile werden eingefärbt
und mit eingebetteten Pflanzen ge-
schmückt.

Das braucht man

Glasfasermatte, bernsteinfarbiges Harz
mit Härter, Mischbecher, Holzstäbchen
zum Rühren, zwei Borstenpinsel, eine
Briefwaage zum Abwiegen der Glasmatte, Trennwachs und -mittel, Gießharz-Reinigung.

Die Form für eine Schreibschale

Auch bei Glasfaserarbeiten braucht man
eine Form, auf die die getränkten Mat-

ten tapeziert werden. Für die Schreib-schale ist eine Pappröhre, wie man sie zum Verschicken von Plakaten benötigt, oder eine leere Ata-Dose geeignet. Damit das fertige Stückgut abgelöst werden kann, muß die Röhre etwa drei-mal gewachst und einmal mit Trennmit-tel behandelt werden. Dazu tränkt man ein Stück Schaumgummi und reibt das Trennmittel auf. Gut trocknen lassen.

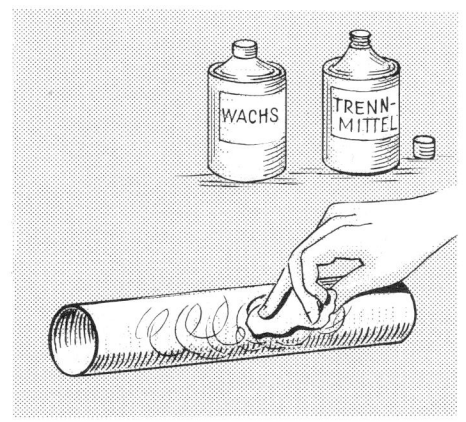

Zuschneiden der Glasfaser

Glasmatte kauft man per Quadratmeter im Bastelladen. Sie kann mit einer ge-wöhnlichen Schere geschnitten werden. Für die Schreibschale schneiden wir vier gleichgroße Stücke zu, etwa 30 x 13 cm groß. Die genauen Maße richten sich natürlich nach der ge-wünschten Länge der Schale und dem Umfang der Form.

Harzmenge

Die Menge des benötigten Harzes rich-tet sich nach dem Gewicht der verwen-deten Glasfaser. Es wird etwa viermal soviel Harz gebraucht, wie die Matte wiegt. Das richtige Verhältnis von Harz und Matte ist ziemlich wichtig, denn bei zuviel Harz wird das Stück spröde, außerdem läuft das überschüssige Harz herunter. Wiegen die Mattenstücke bei-spielsweise 10 g, so wird insgesamt 40 g Harz gebraucht.

1 Teil Glasmatte = 4 Teile Harz

Laminieren

Wir legen uns drei der zugeschnittenen Matten zurecht, wiegen sie mit einer Briefwaage ab und rühren die entspre-chende, vierfache Menge Harz mit Här-

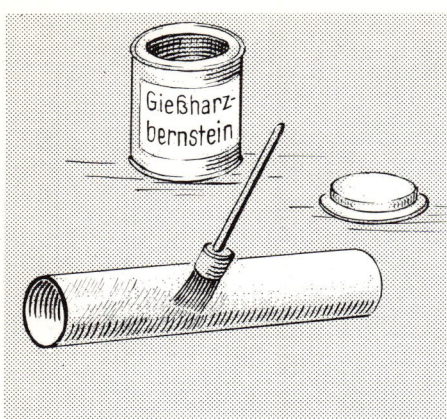

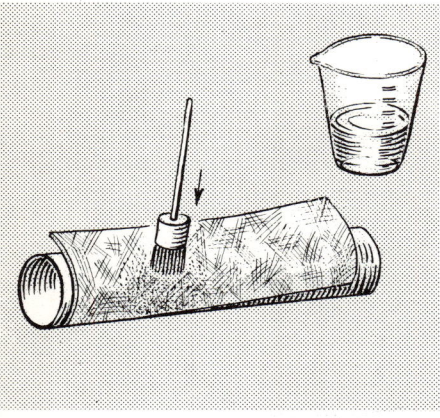

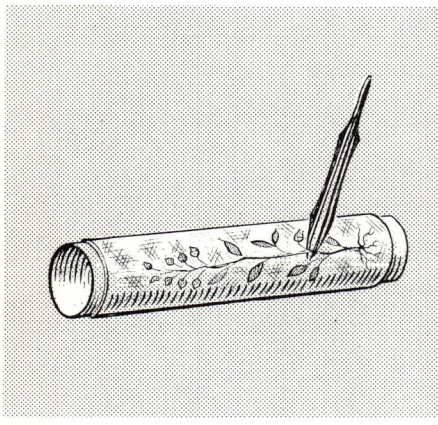

ter (3—4%) an. Für bernsteinfarbiges Harz beträgt die Härterzugabe zwischen 1—4%. Die Aushärtungszeiten sind wesentlich kürzer als bei farblosem Harz (dazu siehe Kapitel: Aushärtungszeiten). Für glasfaserverstärkte Teile nimmt man immer das bernsteinfarbige Harz, weil es schnell abbindet und man sehr bald weiterarbeiten kann. Wenn Sie sehr ungeübt sind, nehmen Sie sicherheitshalber etwas weniger Härter. Sie können sich dann beim Arbeiten mehr Zeit lassen, ohne vom Aushärten überrascht zu werden.

Mit dem Borstenpinsel streicht man etwas Harz auf die Pappröhre und legt eine Glasmatte auf. Sie wird schon zum Teil vom Harz durchtränkt und fast durchsichtig. Von oben stupft man mit dem Pinsel soviel Harz auf, daß die Matte vollkommen von Harz durchdrungen ist. Beim Tränken entstehen Luftblasen, die als hellere Flecke in der Matte zu erkennen sind. Durch häufiges Aufstupfen mit dem Borstenpinsel oder einer kurzgeschorenen Plüschrolle werden sie entfernt.

Wir arbeiten bei diesem Stück von innen nach außen, d. h. dies war die Schicht, die später die Schauseite der Schreibschale wird. Auf diese erste Schicht müssen deshalb die inzwischen bereitgelegten Pflanzen mit der Schauseite nach unten aufgelegt und angedrückt werden.

Dann etwas Harz darüberstreichen und die nächste Glasmatte auflegen und mit Harz tränken, Luftblasen wegstupfen. Auf die gleiche Weise auch noch die dritte Matte auflaminieren.

Jetzt müssen die drei getränkten Matten erst einmal aushärten. Bei bernsteinfarbigem Harz geht das ziemlich schnell.

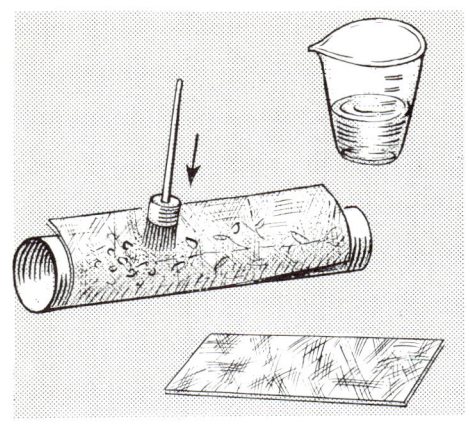

lösen. Die Ränder der Schreibschale werden mit Schleifpapier etwas geglättet, die Kanten abgerundet.
Falls die Schale nicht von allein standfest ist, klebt man vier abgeflachte Holzkugeln darunter.

Man kann weiterarbeiten, sobald die Reaktionswärme abgekühlt ist, auch wenn die oberste Schicht noch etwas klebrig sein sollte. Den Pinsel reinigt man inzwischen mit Gießharz-Reinigung (dazu siehe Kapitel: Reinigen).
Die letzte Glasmatte soll nicht nur getränkt, sondern auch eingefärbt werden. Sie wird gewogen und die entsprechende Menge Harz mit Härter angerührt. Dann gibt man soviel Abtönpaste dazu (etwa 10 %), daß ein satter, nicht durchscheinender Farbton entsteht. Ein bißchen von dem gefärbten Harz streichen Sie wieder auf die schon ausgehärteten Schichten, legen die Glasmatte auf und tränken sie gut durch. Luftblasen herausstupfen und das Stück mindestens eine Stunde durchhärten lassen.

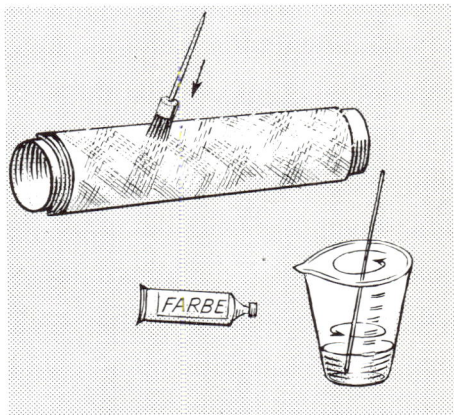

Entformen

Zum Entformen mit dem Messer unter den Rändern entlang fahren. Falls die Schale sich nicht löst, die ganze Rolle ins Wasser legen. Die Pappe weicht dann auf und man kann die Schale ab-

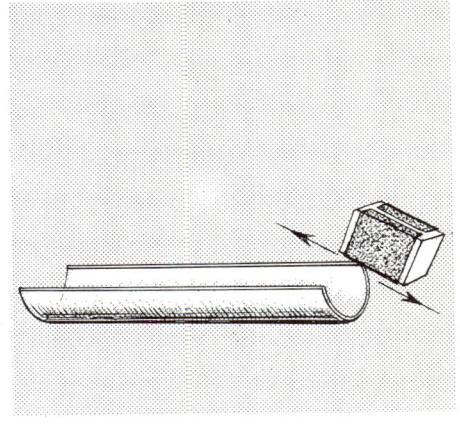

Die fertige Schreibschale, einmal seitlich, einmal von oben gesehen, damit man die Anordnung der Pflanzen erkennen kann. Sie sind rötlich und blau, der Untergrund der Schale gelb.

Eine andere Arbeitsweise — ein Lampenschirm

Es soll ein zylindrisch geformter Lampenschirm mit eingebetteten Pflanzen hergestellt werden. Der Unterschied zu der vorigen Arbeit besteht darin, daß die Glasmatten nicht auf eine Form tapeziert, sondern zunächst als flache Platte hergestellt werden, die erst später zum Zylinder geformt wird.

Form

Als Unterlage für die glasfasergetränkte Platte eignet sich eine große Glas- oder Metallplatte. Sie wird, wie üblich, gewachst und mit Trennmittel eingepinselt, braucht aber keine Begrenzungen zu haben. Als Träger benötigt man noch ein zylindrisch geformtes Lampenschirmgestell, wie es im Bastelladen zu kaufen ist.

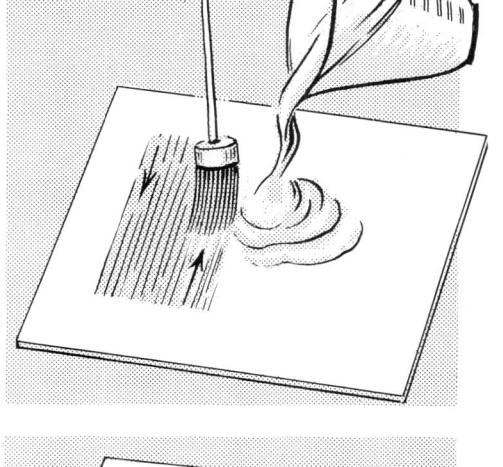

Glasmatte

Das Lampenschirmgestell muß in Länge und Umfang ausgemessen werden. Danach schneidet man zwei rechteckige Glasmatten in gleicher Größe zu. Sie sollen etwa 1 cm länger sein, als der Umfang beträgt.

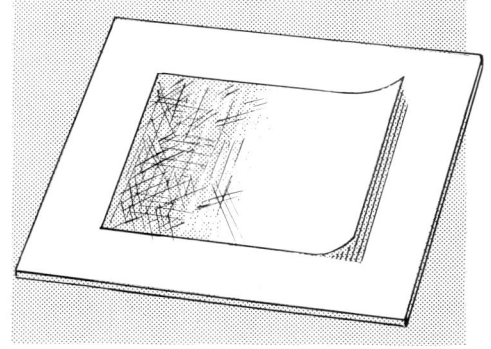

Laminieren

Eine Glasmatte abwiegen, die entsprechende Menge Harz mit Härter anmischen und das Harz einfärben. Für einen Lampenschirm eignen sich warme Töne am besten, also Gelb oder Rot. Das Harz darf nur gerade eben deckend gefärbt sein, weil das Licht noch genügend durch den Schirm fallen soll. Den

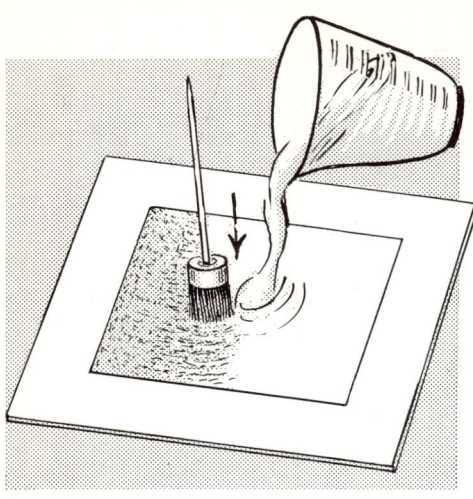

Grad der Einfärbung erkennt man an einem einmal in das Harz getauchten Holzstäbchen. Schimmert das Holz noch gerade hindurch, ist die Tönung richtig. Harz auf die Platte streichen und eine Glasmatte darüberlegen. Gut mit Harz durchtränken. Jetzt legt man die Pflanzen mit der richtigen Seite nach oben auf und läßt das Harz abbinden. Nach dem Abkühlen kann die nächste Matte auftapeziert werden. Das Harz anmischen; diesmal wird es nicht gefärbt, weil die Pflanzen ja durchscheinen sollen. Etwas Harz aufstreichen, Matte auflegen, gut mit Harz tränken und die Luftblasen wegstupfen. Besonders gut stupfen muß man an den Stellen, wo die Pflanzen liegen, denn an den Stengeln und etwas dickeren Teilen lagert sich leicht Luft an. Das Ganze dann abbinden lassen.

Entformen

Nach etwa einer halben Stunde läßt sich die Platte von der Unterlage lösen. Man legt sie zur Probe einmal um das Lampenschirmgestell herum. Wenn nämlich die Platte etwas zu groß geraten ist,

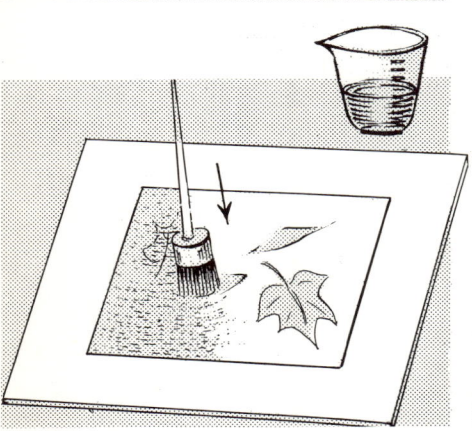

kann man sie mit einer einfachen Schere auf die richtigen Maße zurechtschneiden. Nach der vollständigen Aushärtung läßt sich glasfaserverstärktes Harz nur noch mit der Säge bearbeiten.
Die Matte wird jetzt etwas zusammengerollt und mit Bindfaden gehalten. So soll sie über Nacht vollständig aushärten. Es ist wichtig, daß dies Zusammenbinden nicht zu spät erfolgt, weil die Matte sonst stark durchhärtet und sich schwer biegen läßt.

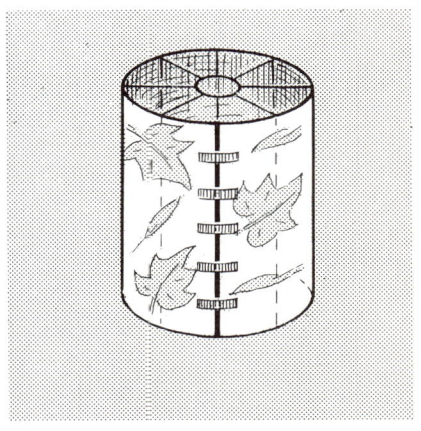

Fertigstellung

Der Schirm wird fest um das Gestell gelegt. Die Enden sollen sich etwa einen Zentimeter überlappen. Sie werden mit Gießharz oder Uhu-plus zusammengeklebt. Auch auf die Drähte des Gestells etwas Kleber streichen. Der Schirm wird solange mit Klebestreifen zusammengehalten, bis der Kleber abgebunden hat (Kleben mit Gießharz siehe Kapitel: Kleben).
Eine andere Möglichkeit, den Schirm auf dem Gestell zu befestigen:
Die Enden stoßen aneinander. An bei-

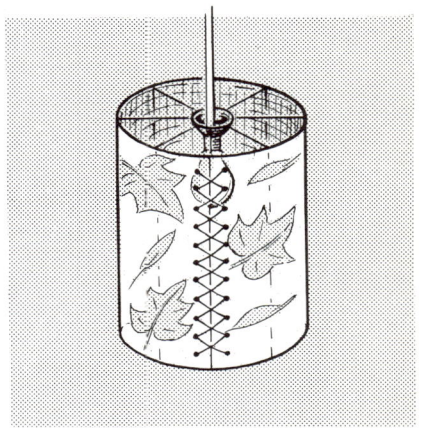

den Seiten werden kleine Löcher gebohrt, und der Schirm wird mit natur-
farbenem Bast zusammengenäht. Bei
dieser Befestigungsart kann der Schirm
auch einmal ausgetauscht werden.

Auf genau die gleiche Herstellungsart
wie der Schirm läßt sich auch eine Platte
herstellen, die das Gestell auf der oberen Seite, an der die Birne angebracht
ist, verdeckt.

Natürlich sind alle glasfaserverstärkten
Teile genauso wasserfest und unempfindlich wie die gegossenen Blöcke.

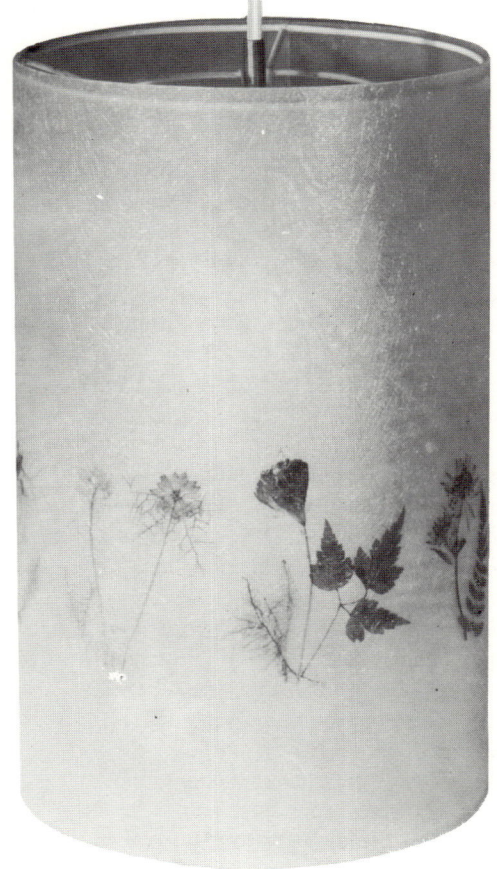

Der fertige Lampenschirm.
Statt der Blüten sehen auch
gepreßte Gräser sehr de-
korativ aus. Übrigens: auch
im Winter kann man ge-
preßte Blüten im Bastelladen kaufen.

Ein glasklarer Gießharzblock mit Rissen, die hinterher blau ausgegossen wurden.

Einige Experimente mit Gießharz

Gießharz — dieses neue Material fordert zum Experimentieren und Erfinden geradezu heraus. Denn die Anwendungsbereiche im künstlerischen und kunsthandwerklichen Sektor liegen noch völlig offen.

Bei diesem Material kann man nicht „handwerklich", sondern muß „chemisch" denken. Daher dauert es eine Weile, bis man sich hineingefunden hat, auch Mißerfolge bleiben nicht aus.

Die folgenden Versuche sollen einen Anstoß zu eigenen Experimenten geben.

Risse

Künstlich erzeugte Risse können in dicken Gießharzblöcken überaus reizvoll aussehen, besonders, wenn sie mit einer kontrastierenden Farbe ausgegossen werden. Man muß eine mindestens 3 cm starke Gießharzschicht aufgießen, die mit etwa 4 % Härter vermischt ist. Durch die Polymerisationswärme entstehen die Spannungen im Gießharz, wenn diese nicht abgeleitet wird. (Dazu siehe Kapitel: Vorgänge bei der Polymerisation und Schichtstärke.)

Je dicker die Schichtstärke und je höher der Beschleunigeranteil im Harz ist, je höher die Harzzugabe und die Raumtemperatur, desto kräftiger fallen die Risse aus.

Nach dem Aushärten gießt man von oben vorsichtig gefärbtes Gießharz in die Risse. Dadurch sieht der Block sehr plastisch aus. Zusätzlich läßt sich die Wirkung durch eingegossene Glasbrokken, Perlen oder einfache Fensterglassplitter steigern. Das Licht bricht sich vielfältig in solchen Gießharzblöcken. Sehr hübsch sehen Kerzenhalter oder Lampenfüße in dieser Technik aus.

Gießen auf Polyäthylenfolie

Eine ganz eigenartige Wirkung erzielt man durch Gießen auf dünner Polyäthylenfolie. Auf eine Holzplatte wird ein Stück Folie gelegt und mit Reißzwecken befestigt. Den Begrenzungsrahmen mit Leim aufkleben. Eine Gießharzschicht aufgießen, die mindestens einen halben Zentimeter stark ist. Die Folie wird durch das Harz etwas angelöst und durch die Reaktionswärme ausgedehnt. Sie schlägt Wellen, die sich im Gießharz abdrücken. Das Harzstück bekommt dadurch eine relieffartige, außerordentlich plastische Oberfläche. Diese Technik ist besonders für Lampen und Windlichter geeignet, weil sich das Licht vielfältig in den Vertiefungen der Platten bricht; zusätzlich können diese Vertiefungen noch mit transparent eingefärbtem Harz ausgegossen werden.

So vielfältig bricht sich das Licht in dieser Platte, die auf Polyäthylen gegossen wurde. Als besonderer Dekorationseffekt lassen sich diese Vertiefungen mit transparent eingefärbtem Harz ausfüllen.

Blasen

Normalerweise ist man froh, bei Einschlüssen keine Blasen zu bekommen. Das Harz ist in seiner Konsistenz so eingestellt, daß man auch durch Rühren oder intensives Schütteln keine bleibenden Blasen erzielt. Man kann aber Blasen mit Wasser erzeugen. Das farblose Harz wird wie üblich angemischt. Man gibt etwa einen Teelöffel Wasser auf einen Becher Harz hinzu und rührt kräftig um. Die Schicht wird aufgegossen. Kurz vor dem Aushärten noch einmal umrühren, denn sonst liegen die Blasen ziemlich auf der Oberfläche. Durch absichtlich erzeugte Blasen sieht das Harz glasähnlich aus.

Mechanische Bearbeitungsmöglichkeiten

Bohren

Gießharzblöcke und Platten lassen sich mit Holz und Metallbohrern anbohren. Beim Durchbohren legt man ein Stück Holz oder Pappe unter das Austrittsloch, damit das Harz nicht ausbricht. Nicht zu großen Druck beim Bohren anwenden, damit das Harz nicht zu stark erhitzt wird.
In glasfaserverstärkte Polyesterteile sollen die Löcher möglichst frühzeitig nach dem Aushärten gebohrt werden. Dann kann man Holzbohrer benutzen. In völlig durchgehärtete Teile bohrt man mit hartmetallbestückten Bohrern.

Kerzenhalter mit künstlich erzeugten Rissen und eingebetteten, bunten Glasmurmeln.

Sägen

Platten bis zu einem Zentimeter Stärke lassen sich gut mit einer Laubsäge und Metallsägeblättern sägen. Es gibt auch spezielle Sägeblätter für Kunststoff: sie sind allseitig bestückt, und man kann damit Kurven besser sägen.

Mit der Stichsäge (feines Metallsägeblatt) kann man Kunstharz ebenfalls sehr sauber sägen, auch glasfaserverstärkte Teile.

Maschinelles Schleifen

Die beste maschinelle Schleifmöglichkeit für kleine Blöcke und Platten ist ein Bandschleifgerät, wie es zu einigen Heimwerkermaschinen schon angeboten wird.

Außerdem kann man die Gießlinge mit rotierenden Schleiftellern bearbeiten. Man beginnt bei Körnung 80, schleift damit die oberste, klebrige Schicht ab und wird dann immer feiner in den Körnungen. Während des Schleifens sollte man das Stück öfter drehen, damit sich nicht Kratzer an einer Stelle „einfressen".

Größere Flächen lassen sich mit Vibrationsschleifern bearbeiten. Da sie sehr wenig wegnehmen und das Schleifpapier durch die klebrige Schicht sofort verstopft, muß diese erst mit der Hand oder mit einem rotierenden Schleifteller und grober Körnung weggenommen werden. Danach wird mit Naßschliffpapier in den Körnungen 120, 180, 240, 320, 400 und 600 naß geschliffen. Polierpaste läßt sich mit Schaumstoffscheiben auftragen und verreiben. Nachpoliert wird mit der Schwabbelscheibe oder wenn die Fläche nicht allzu groß ist, am wirkungsvollsten mit der Hand.